女人好命靠自己

做一个不攀附不将就不畏惧的聪明女子

著／若梦

台海出版社

图书在版编目（CIP）数据

女人好命靠自己 / 若梦著. —— 北京：台海出版社，
2016.9

ISBN 978-7-5168-0654-8

Ⅰ.①女… Ⅱ.①若… Ⅲ.①女性 – 修养 – 通俗读物 Ⅳ.①B825-49

中国版本图书馆CIP数据核字(2016)第227838号

女人好命靠自己

著　　者：若　梦

责任编辑：王　萍　魏　敏　　　　　　装帧设计：仙　境
版式设计：范秋霞　　　　　　　　　　责任印制：蔡　旭

出版发行：台海出版社
地　　址：北京市朝阳区劲松南路1号，　邮政编码：100021
电　　话：010 – 64041652（发行，邮购）
传　　真：010 – 84045799（总编室）
网　　址：www.taimeng.org.cn/thcbs/default.htm
E – mail：thcbs@126.com

经　　销：全国各地新华书店
印　　刷：固安县保利达印务有限公司
本书如有破损、缺页、装订错误，请与本社联系调换

开　　本：170×230　1/16
字　　数：130千字　　　　　　　　　　印　张：14.75
版　　次：2016年11月第1版　　　　　　印　次：2016年11月第1次印刷
书　　号：ISBN 978-7-5168-0654-8

定　　价：35.00元

前　言

　　光阴似箭，它改变着我们。那些本来看不惯的东西，开始慢慢习惯；那些曾经想要的东西，已经不怎么想要了，开始，我们很执着，后来慢慢变得很洒脱。我们在失去之后会痛苦，从此也变得坚强；付出了代价之后，就逐渐成长。我们没有流眼泪，并不是没有眼泪；女人用一种洒脱的态度去面对生活。当一个女人欲哭无泪，欲诉无语的时候，她就成熟了。女人啊，说到底安全感是自己给的。

　　当一个女人累了没有人疼，就要学会休息；哭了没有人哄，就要学会自立；痛了没有人会懂，就要自己扛起压力，不再抱怨。没有人有义务去帮你，当然你也不要自弃，只要肯努力，之后就会有好的成绩。女人在没有人可以依靠的时候，唯心相依；在遭受打击的时候，要自强不息。就算全世界都抛弃了你，你也要对世界大声说："我一个人能行！"女人要自己给自己安全感，人生也从来都是靠自己成全。

　　人有一些委屈是很难说出来的。就算有人问，有时候也不知道怎么说；就算有人关心，也不能替你承受痛苦。嘴里有话说不出来，沉默代表了一切；心很痛，泪水就是倾诉。能够和别人分享的大多是快乐；能和别人交流的总是那些无关紧要的事情。一些经历只能自己去感受；一些心情也只有自己才能懂得。说不出来的委屈，才是真的委屈；心里的痛苦，才是真正的痛苦。

事情没有发生在别人身上，别人不知道轻重；感情不是别人能参与的，别人也不知道有多痛苦。劝人的话谁都会说，但是总是开导不了自己；大道理很多人都懂，但是怎么也想不通。人何必为难自己，得不到的感情，还不如不要；留不住的人，还不如放手。人生，有得就有失；感情有冷就有暖。换一扇窗，才会看见不一样的风景；换一种心境，才会有不一样的心情。这主要是看你自己怎么想，毕竟安全感都是自己给的，从别人那里寻求安全感，只会让自己更受伤。

在生活中，不要让别人影响了你的心情。那些真正爱你的人，是舍不得你不高兴的；不爱你的人，永远不会在乎你。眼泪能够博得同情，但是换不来感情；一直楚楚可怜的女人会让人轻视，并不会得到重视。你沉默，只能是你一个人难过；你的笑容才是最美丽的风景。女人应该坚强地活着，不被别人看轻。人活得快不快乐都是自己决定的。因此女人要靠自己成全，安全感是自己给的。

女人也没有必要为了取悦于任何人而改变自己。花儿盛开，并不是因为很多人喜欢它，而是为了自己盛开；大海并不是要为谁喝彩，只是为了自己澎湃；人活着并不是为了让别人喜欢，只是要活出自己的精彩。安全感要靠自己获得；那些在意的，要去珍惜。没有人不被别人评说，没有事不被议论。我们不可能让每一个人都喜欢，因此，也不要去后悔什么；人生在世不可能事事都顺利，只要尽力就好。女人这一生啊，终要靠自己成全。

本书是一本女性励志书，主要讲述了女人要强大、独立，要自己给自己安全感，不要太依赖别人。书中讲了很多女性的事例，她们起初可能也会从别人身上寻求安全感，生活的历练让她们懂得安全感是自己给的。此外，书中也讲述了女人应该怎样坚强又柔软的活着。生活中大多数女人都是普通而又平凡的，都一样有着喜怒哀乐，都会有压力有困境，但这些都要自己扛、自己解决，因为女人的安全感终究是自己给的，女人好命靠自己！

目 录

第六章

自立自强，努力追逐梦想

第七章

保持阳光，激情工作

第八章

放下自我，与他人和谐相处

第九章

爱情不是依附，而是各自独立

第十章

即便离婚，也要把自己修炼成女神

第十一章

独立的女人要学会维护自己的利益

第十二章

别让独立抹杀了你的女人味

第一章
人生是一场独自的修行

　　人生中有高潮，也有低谷；生命中有彩色，也有灰色，甚至是黑色，有一些可以与人分享，但总有一些需要我们独自面对。尤其作为女人，更需要有一种独自面对的姿态。父母终将老去，呵护不了你全部的岁月。你要成为吸引爱人关注的人，而不是时时、处处以他为中心，围着他转。女人啊，要做一棵大树，独自面对风雨，不要依赖任何人，一个人也能光芒万丈，一个人也能精彩才是真正的精彩。学会用独立的姿态面对生活吧，勇敢、睿智、成熟将会成为你的本钱。

世界太吵，需要倾听自己内心的声音

　　曾经有团队作过这样一份调查，随机找到 1000 位学历、职业都各不相同的女性，然后发给每人一张白纸，让她们依次写下自己人生中曾经遇到的困难和不如意之事。有关这份调查的答案五花八门，女人们思索的时间也非常短暂。有人说，自己遇见的最大阻碍，是没有出生在一个好的家庭；有人说，自己之所以混得普普通通，是因为长得不够漂亮，得不到更好的工作机会；还有人说，自己缺乏名师指路，所以一直没有找到人生的目标；而一些已婚的女人则认为，结婚前没有睁大眼睛，没看清枕边人的种种缺点，是自己一生最后悔的事情。

　　在这一次调查中，80% 以上的女人将人生中的种种不如意归结为外在因素，只有不到 20% 的人认为问题出在自己身上。接下来，做问卷的人又针对这 20% 的女性，提出了如下问题：请问，你认为自己还有哪些有待改进的地方？

　　这一次，女人们思索的时间稍微长了一些。有些人犹豫着写下"需要减肥""学会化妆、打扮"等字样；有些人沉思良久之后，认为自己理应更勇敢主动一些；还有一些人，则觉得自己应该继续"充电"学习，在未来的晋升中夺得一席之地。

　　在这近 200 人中，唯有一个看上去温柔沉静的女孩儿，在纸条上写下：

"我现在不能立即回答这个问题，因为我对自己还有一些疑问。现在，我需要一点时间，和自己进行一次深刻的对话。"

且不说这个女孩儿写下此答案的用意是什么，现如今，无数攻略都在教女人怎样打扮得更加漂亮，怎样说话做事更有分寸，怎样铆足力气冲向事业的更高峰，甚至怎样用尽心计去寻找一个好的伴侣，却鲜有人提醒世间女子，在做这些事情之前，应该静下心来，站在镜前好好看看自己。

镜前的这个女子，她的眼中为何会流露出迷茫之色？她在前进的道路上是否尚有疑惑未解？她对现在的生活可否真心满意？她可知自己即将去往何处，又将以何种方式到达彼岸？

独立的女子，一定会流露出对自己坚信不疑的眼神，但这"坚信不疑"的前提，应该是对自己的充分了解和信任。古人常说：人生若能得一知己，则百死而无憾。可见对于人生而言，"知己"实在重要、难得。可在许多时候，读懂他人容易，了解自己却甚是困难。对于女子而言，读懂自己这回事儿，往浅了说，是了解自己梳什么发型合适，穿什么衣服漂亮，化什么样的妆得体；往深了说，则是客观评价自己的性格、行为，知道什么可为，如何为之，甚至可以发现自己究竟还有多少潜力没有被挖掘出来。

从这点来看，女人要读懂自己，客观最重要。许多时候，我们想的事儿和真正做出来的事儿，是不大一样的。年轻女子最易犯的毛病就是过于高估或是低估自己，而这种对自己错误审视的外在表现，就是自暴自弃，又或是极度高傲，这都是没有好好认识自己造成的。

青春期的女孩太容易受到诱惑，她们心思细腻，心智尚未完全成熟，往往分不清幻想和现实，既天真又迷惘。这样的女孩纯真、可爱，却也不够独立。但这并不意味着，她们中的有些人不会忽然"开窍"。

贺舒婷在她那本名为《你凭什么上北大》的书中，描述了这样一件事。

在她高一的时候，日子过得浑浑噩噩，上课不是睡觉就是聊天、看漫画，甚至把老师气哭。到了高二之后，她突然奋发图强，换了一种完全不同的态度对待人生。但那时，她也只是单纯地觉得，自己一辈子不该就这样稀里糊涂地过下去。

努力一段时间后，贺舒婷在一次月考中考了年级第12名，她觉得还应该更努力些，不过这个成绩也算差强人意，起码比高一的时候要好得多。

当时，在贺舒婷的班上有一个瘦瘦小小的女生，她戴着一副黑边眼镜，整日趴在书桌上刻苦学习，无论什么时候，她总是班里第一个来，最后一个离开的人。贺舒婷并不喜欢这样的学生，她对这个女生一直持有一种莫名的排斥情绪。她总觉得，这样的女生只知道死读书，实在没有什么了不起，自己不过没有她那么勤奋，自然没有她那么好的成绩。

直到有一天，贺舒婷从班主任的口中听见了这样一段话："有些人以为自己很聪明，看不起那些刻苦的同学，总觉得人家是先天不足。可是我想说，你只是懦弱！你不敢尝试！你不敢像她一样地去努力，因为你怕自己努力了也比不上她！你不去尝试，是因为害怕失败……"

这句话就好像一记猛锤击中了贺舒婷内心最脆弱的地方——"懦弱"。她发现，班主任的话很有道理。长久以来，她一直自甘堕落，一直不敢铆足劲学习，并不是因为自己不够勤奋，不想勤奋，而是自心底里感到害怕，害怕自己没有天赋，无论怎样努力也无法达到既定目标。

贺舒婷决定尝试着改变这种现状，当了解了自己的真实内心之后，她依然不敢给自己一个确切的承诺，而是给了自己一个月的限期，一个月后，若是所有的努力能够得到回报，她才敢敞开心扉，面对真实的自我。

现在，当人们再见贺舒婷时，可以从她的双眸中见到坚定的目光，从她的嘴角见到自信的微笑，她的脸庞虽略显青涩，但听其谈吐，已能隐约窥见一种特别的独立精神。

女人若能静下来好好倾听自己，便能更加准确地将命运掌握在自己手中。这样的女人无论遇到什么麻烦，都会微笑着努力解决，因此也甚少对生活产生不满；这样的女人会有更多的时间和心情去反思人生，去追寻更广阔的天空，去寻找生命的意义。

人生是一场和任何人无关的修行

还记得"小婉君"金铭吗？在她十来岁的时候，几乎所有人都以为她会走上演艺道路，可金铭作出了一个让大家惊诧的决定——当一名出色的外交官。

数年之后，金铭凭借自己的努力，成功考上了梦想的大学。见证了她的聪慧和努力之后，大家都习惯地称她为"才女"，并对这个梦想着成为外交官的"童星"充满了期待。然而，毕业之后，金铭却再次没有按照周围人的期望选择她要走的路，她经过充分思考，重新选择了从事演艺事业，并主动要求到煤矿文工团工作。

新的工作让金铭有了更多的全新体验,这些珍贵的体验,她的其他同学从未有过。她曾下到距离地面大约 500 米的井下为矿工师傅们演出,也曾在国外的演出中兼任数门外语的翻译,还主动要求饰演一些极具挑战性的角色,比如变态杀手。

很显然,曾经稚气的"小婉君"已经长成一个颇具韵味,并令人惊艳的大姑娘。她的身上,始终散发着与其他女星完全不同的知性气息。金铭似乎从不愿按照他人的期许选择自己的人生道路,这完全基于她对自己的充分了解,以及对自我气质的完全掌控。

金铭认为,她的童星生涯给她的人生带来了颇为丰厚的体验。关于这点,她是这样对外界说的:"我童年失去了很多,但也得到了很多。同年龄的孩子在玩的时候,我在工作。但是我所体验到的东西,是他们成长之后,或者说大学毕业、工作之后,要很多年才能积攒到的。"

金铭真正做到了"我的人生我做主"。若说人生如戏,金铭在这段戏中也完全选择了最适合自己的角色,而她的独立、知性、优雅,也成为她较其他演员更独特的标志。

人生是一场和任何人无关的修行,这绝不该仅仅是句空话。女性之美,也实不该千篇一律,一个大花园中,百花齐放才更绚烂可人,若是单有一丛牡丹,或是一片玫瑰,美则美矣,然时日久了,难免让人审美疲劳。在充分读懂自己之后,学会提升自我,应该成为每位女性的必修课。

所以,每一个女人,都应将自己当作人生的主角,细心品味角色,挖掘角色潜力,成为独一无二的自己。与此相反,女人若是将自己当作人生配角,总觉得自己微乎其微,随着时间的流逝,便会真的逐渐失去个性,成为他人故事中的陪衬。

　　无论你拥有如何精致的脸庞，如何完美的身材，都需要不断发掘属于自己的智慧和灵性，并一定要在精神上创建一个独立的自我。

　　那些内心强大的女子，拥有真正与男人一样的平等独立之思想。她们中的有些人，也许没有大房子和豪车，没有合意的结婚对象，甚至被人称作"黄金剩斗士"，但她们所做的每件事都随性、合意。这样的女人，并不会因为钱而嫁给自己不爱的男人，也不会因为世人的目光离开所爱的男人，更不会为了追随身外之物扭曲自己的心灵。

　　因此，无论你是否会拥有一位护花使者，让自己独立都是生命中的首要之事。独立的女人不但可以修炼出完美的气质，还可将各种负面情绪抵挡在外，最终活出最真实、最迷人的自我。

缘聚缘散，坦然视之

　　电影《廊桥遗梦》的女主角家庭主妇弗朗西斯卡为女人们上了一堂关于取舍的精彩课程。电影中，已婚的弗朗西斯卡与摄影记者罗伯特·金凯爱得难舍难分，在丈夫的车上，她险些下车奔向罗伯特的怀抱，但最终为了孩子忍痛选择了分手。多年之后，弗朗西斯卡过世了，在遗嘱中，她要求儿女们将她的骨灰撒在与罗伯特相恋的桥畔。弗朗西斯卡在爱情与家庭的权衡中，舍弃了爱情，将一生奉献给了家庭。影片最感人的就是这理智的放弃，因为舍得放下的女人，比舍得付出的女人，更让人佩服。

婴儿降生之后不断地"得到"：得到生存权利，得到独有的名字，得到一个小小生存空间，得到母爱、父爱，得到亲人的抚养与关怀，得到亲朋好友乃至邻居的疼爱与关注，得到属于自己的"财产"——玩具，得到爱好与兴趣，得到小伙伴，得到读书的机会，在家庭经济能力许可范围内得到自己想要的东西。上学之后还可以得到一个准社会角色，得到尊严。步入青年后得到青春，得到异性的垂青，得到志同道合的知己，得到锻炼的机会。进入社会之后得到一份工作，得到属于自己的住所，得到一个爱自己的异性，得到家庭，得到孩子……

随着年龄的增长，"得到"越来越少，"失去"登场，一点点地取代"得到"，你开始抱怨人生的不美满。首先失去年华与容貌，然后失去理想与梦想……中年之后"失去"更是接踵而至：失去青春，失去健康，失去激情，失去冲动，失去好奇，失去锐气，失去快乐……直至失去自我，变为生活的奴隶。

谁能说清何为得何为失呢？得与失在我们心中，只有一线之隔。我们以为"得"就是得意，以为"失"就是失意。

颜回居陋巷，一箪食，一瓢饮，也能得意在其中。秦王统一六国，兼并天下，也能失意于其间。大约有得必有失，有失必有得；所得既多，便是增加，也不觉得欣喜，稍有所失，便惶惶恐恐；所失既多，就是再失，也不感到痛苦，稍有所获，便十分快乐。

人生没有绝对的事。在某些时候，失去的同时也得到了，而且得到的远远比失去的要多。

英国伟大诗人弥耳顿，最杰出的诗作是在双眼失明后完成的；德国伟大音乐家贝多芬，最杰出的乐章是在他的听力丧失以后创作的；世界级小提琴家帕格尼尼是个用苦难的琴弦把自己的才华用到极致的奇人。他们被称为"世界文艺史上三大怪杰"，一个是盲人，一个是聋子，一个是哑巴！

他们之所以有那样的成就，正是因为他们有一颗平常心，不计较利害得失。科学家贝佛里奇说过："人们最出色的工作往往是于逆境下作出的。思想上的压力甚至肉体上的痛苦，都可能成为精神上的兴奋剂。"其实，"残缺"并不可怕，可怕的是不能够正视现实。不要感叹命运多舛，命运向来都是公正的，在这方面失去了，就会在那方面得到补偿。当你失去的同时，可能有另一种意想不到的收获。如此说来，得意何尝不是失意之由，失意又何尝不是得意之故呢？

人生最大的得意或失败，都无法由自己来左右。人生最大的"得"，应该是"生"，从父母那里得到生命，不就是最大的"得"吗？若没有这个"得"，就没有以后的"得"，这是"得"的根本。而人生最大的"失"，应该是"死"，当这一刻来临，我们将随之失去所得的一切，包括自己的生命，这不是最大的"失"吗？这最大的得与失，我们尚且无法掌握，又还有什么得失好计较呢？

现实中，很多女人为了得到完美的婚姻，不知不觉中把自己变成了雕塑家，把男人当作纯白的原材料。

就算是最有智慧的近乎完美的女人，尽管手中有刀和颜料，心中有理想，有偶像作参照物，一样雕刻不出完美的男人：他不是太有钱就是太没钱，不是学问多得迂腐就是胸无点墨。太有钱，会让感情增加诸多不确定因素；没有钱，爱情大厦会坍塌。迂腐就是呆，学问太浅又会被时代淘汰。

林青霞和秦汉的爱纠缠了将近二十年，最终还是分手了。林青霞说：

"因误会而相识，因了解而分手。"她再也无法把秦汉雕刻成她心目中的男人了，经历了几次分分合合，她一直没有放弃对秦汉的塑造，可是，秦汉依然是秦汉。所以，她选择了放弃。而她的现任丈夫，服装大亨邢李塬，不需要她做雕塑家，只需要她负责一世的美丽和做好女儿的母亲即可，所以，她很幸福。

女人都喜欢"求全责备"，实际上往往是"求全则毁"。是你的，不必力争，自会得到；不是你的，即使千方百计取得，也会随风而逝。如果刻意而为，既荒废了时间又浪费了精力。何苦！

没有人能一直得到，正如没有人能一直失去。既然人生充满得失，何不从缺憾中体味圆满？

没有分离的思念，怎能领略相聚的幸福？

没有经历过被出卖的痛苦，怎能领会忠诚的可贵？

没有品尝过失败无奈的滋味，又怎能体会成功的喜悦？

没有遭遇病魔的袭击，怎能体会健康的重要？

在纷纷扰扰人世间，能够拥有，能够相聚，彼此忠诚，长相厮守，不正是一种圆满吗？

女人，应该学会享受孤独

生活在现代社会的人们，越来越不甘心孤独的生活了，每天都把自己的生活安排得满满的，生怕自己一旦有空闲就会患得患失。然而，有多少人知道，孤独有时也是人生路上一道亮丽的风景。

享受孤独已经不再是一个新鲜的话题。那么，我们应该怎么享受孤独呢？不同的女人，有不一样的答案。

有一些女人从热闹的大街上，来到空无一人的田野，欣赏迎着太阳开放的花儿，小草在自由地呼吸着新鲜空气，这个时候就会感觉到清新的宁静；有一些人远离了家庭琐事，来到安静的沙滩上，捡着自己喜欢的鹅卵石，觉得非常开心；有的人从吵吵嚷嚷的聚会中走出来，来到小树林，躺在草地上，感受微风和泥土带来的清凉；有一些女人在失恋的时候，爬上泰山，静静地坐在岩石上，看着浮云流动；也有一些人喜欢关紧大门，一个人在房间听音乐聊天、玩游戏……

很多人都在抱怨人生太孤独。但当自己学会享受孤独之后，就不会再害怕孤独。这个时候就会觉得孤独不再苦闷，反而让自己看到了真实的自己。

享受孤独，其实也就是享受人生，享受生活。人生下来原本就是孤独的个体，这个世界本就是"孤儿院"，我们最后都要学会享受孤独。

在古代，人们崇尚"慎独"。这是儒家修养的一种高境界，一个人独处的时候，一般会有两种情况：一个是你自己有一种想法没有去实施，别人就不会知道；另一个是做的事情别人不知道。

凡是那些"慎独"的人都是能成大事的人，也是一个具有高尚品德和自律性很高的人，他们能在孤独的时候去思考一些很有意义的事情。孤独的时候，享受宁静又有意义的时光就是"慎独"带给我们的快乐。

许多人抱怨生活压力太大，感到烦躁，埋怨不得清闲。于是，追求清静成了许多人的梦想，但同时又害怕孤独。其实孤独并不可怕，只要能暂时放下心中的惦念，真心体味，孤独也是一种清静，而且这种清静更有价值。

孤独是一种享受。在这喧嚣的尘世之中，要保持心灵的清静，必须学会享受孤独。孤独就像个沉默寡言的朋友，在清静淡雅的房间里陪我们静坐，虽然不会给我们谆谆教导，却会引领我们反思生活的本质及生命的真谛。孤独时我们可以回味一下过去的事情，以明得失；可以计划一下未来，未雨绸缪；可以静下心来读点书，让书籍来滋养干枯的心田；可以和爱人一起去散散步，弥补一下失落的情感；还可以和朋友聊聊天，古也谈，今也论。

孤独对于女人来说是一种难得的感受。当我们想要躲避它时，表示我们已经深深感受到了它的存在。此时，不妨关上门窗，远离外界的喧闹，一个人独处，细心品味孤独的滋味。坐在桌前，焚一炉檀香，冲一杯咖啡，翻一本喜爱的图书，感受久违的纸墨清香。当然，如果你愿意，尽可以什么也不做，只是坐在那里沉思，思考人生，回忆大脑中存储的一切。如果你愿意，可以什么也不想，只是一个人静静地待上一会儿，让大脑暂时处于休眠状态。

孤独正像梁实秋先生所描绘的那样：孤独是一种清福。我在小小的书斋里，焚起一炉香，袅袅的一缕烟线笔直地上升，一直戳到顶棚，好像屋里的气是绝对的静止，我的呼吸都没有搅动出一点波澜似的。我独自暗暗地望着那条烟线发怔。屋外庭院中的紫丁香还带着不少嫣红焦黄的叶子，枯叶乱枝的声响可以很清晰地听到，先是一小声清脆的折断声，然后是撞击枝干的磕碰声，最后是落到空阶上的拍打声。这时节我感到了孤独。在这孤独中，我意识到了自己的存在——片刻的孤立的存在。

孤独对于女人来说是知心好友。在心烦时，它不会打扰我们，也不会对我们有所求。热闹需要外求，而孤独随时与我们同在，在我们需要时，它便轻轻地来到我们身边，静静地听我们倾诉。它能为我们保守秘密，虽然它无言无语，却能让我们更好地认清自己。它不会对我们指手画脚，却能让我们以更加自信的步伐迈出人生的下一步。

孤独，是一首诗，一道风景，一曲美妙的音乐。所以有位哲人认为：其实孤独并不是一件坏事，相反，所有人类的不幸，都是起始于无法一个人安静地坐在房间里。

做一个不特立独行，不妥协于世的女人

奥黛丽·赫本是英国著名的女演员，她一生一共获得了五次奥斯卡女主角提名。1998 年，她被评为"百年来最伟大的女演员"第三名。

但奥黛丽的一生算不上幸福美满。她出生在富贵的家庭中，母亲有皇室血统，父亲是一个银行家，她家境殷实。但是因为父母性格不合致使他们经常争吵，在她六岁那年，父亲丢下了她和母亲，还有另外两个哥哥。在缺失父爱的环境中成长，是奥黛丽一生的遗憾和阴影，这对她以后的婚姻有很大的影响。

之后，整个欧洲都陷入了战火中，简单来说，她的童年就是在缺失父爱和战火中度过的，并伴随着食物匮乏和病痛的折磨。

对沦陷区进行奴化教育是侵略者的一贯做法，德国纳粹就是这样做的。

他们占领了所有的学校，开除了很多"不合格"的教师，教科书都换成了宣传德国纳粹的教科书，学生们被逼着学习不喜欢的德语和德国史。在这个时期的奥黛丽找到了自己的心灵寄托，那就是音乐。她在音乐中忘记战争的痛苦。虽然德国禁止了非德国和非奥地利音乐，但很多音乐大师的作品是没有被禁止的，这些音乐给奥黛丽带来了精神慰藉。

音乐也擦亮了奥黛丽梦想的火花，这让她在艰难的环境中露出了笑容。战争结束之后，奥黛丽开始了自己的芭蕾舞梦。但很不幸，战争已经让奥黛丽错过了最佳学习时期，而且她的身高超出了芭蕾舞演员的要求。芭蕾舞老师告诉她，她没有办法学习芭蕾舞了。

奥黛丽这个时候并没有妥协，而是在悲痛中思考自己应该走什么路，在认真思考了很多天之后，她决定走上演员这条路。奥黛丽是一个不特立独行，不妥协于世的女人，之后她也走进了婚姻，也顺利怀上了孩子，但不幸的是，这个孩子不小心流产了。这让喜欢孩子的奥黛丽悲痛不已。她开始把所有精力都放在拍摄电影上，在工作中忘记痛苦。

奥黛丽说："珍惜生活，不管发生了什么，不管遇见谁，都要享受这次经历。我认为，过去的经历让我懂得珍惜现在。我不愿在对将来的忧虑中蹉跎眼前的时光。"

奥黛丽的笑容是最美丽的笑容，是不特立独行，不妥协于世的笑容，在战争之中她没有放弃自己的梦想，在得知梦想无法实现的时候，她坦然接受，开始寻求下一条道路。她在这条路上绽放出了自我，她不仅长得漂亮，也活得漂亮。

保持本色的女人是独立的，她们从来不会忽略自己的存在，她们会静下心来听自己内心的声音。听从内心的女人，并不是自私的表现，而是对自己本色的一种保持。她们会发掘自身潜在的魅力，无论是鲜明的个性，或是独特的气质。她们只听从内心对自己的安排，而不被别人的议论所左右。

在美国，有一个非常受欢迎的女主播，她刚走上社会的时候选择了当一个影视演员，因为她认为这样可以让很多人喜欢她，可她怎么演都演不好，只能给人跑跑龙套，后来一位导演问她：

"你从小的梦想是什么？"

"小时候我想当个主持人。"

"那你为什么选择了来演戏？"

"我认为这样更能受到大家的欢迎。"

"不，孩子，你错了，当一名主持人同样可以受到大家的欢迎。"

她听了导演的教诲，决定保持本色，做了一名主持人。结果她成了纽约当时最受欢迎的女主播。

多听听自己内心的声音，保持自己的本色，那么，不管走到哪里，你都是落落大方的，像雪地上的阳光清新明亮。那时，最耀眼的明星就是你。

当你准备为爱而改变的时候，当你决定听从大多数人的意见的时候，请你听听自己内心的声音吧，只有这个声音才是最值得你倾听的，因为这是你魅力的源泉。

聪明女人不会刻意去自我标榜，她们尊重自己独特的个人魅力。即使人人都在追逐同一种标准，聪明女人也会只听来自内心的声音，这才是她们的风格和魅力。

才华，是"独立"最华丽的衣裳

才华可以让女人永远美丽，因为它是女人最华丽的衣裳。女人要多读书，让书籍滋养心灵，这样才能让自己成为美丽的女人。

有人说："书，是女人最好的饰品。"因此，无论有多少个理由，作为一个女人，一个期待精彩人生的女人，是一定要看书的，而且看得越多越好。因为书会使你从骨子里提升品位，教你如何做一个知性女人。

从《京华烟云》到《青花》，温婉的赵雅芝一直光彩照人，有谁想到生于1954年的她那时已是3个孩子的母亲呢？岁月流逝，风韵犹存，那份婉约的书卷气，令人怦然心动，仿佛她真是那西湖岸边的白娘子，可以演绎不老的美丽。

在娱乐圈里说到知性美，无疑要提到刘若英。她不仅是歌手，亦是创作人，她作曲、写歌，还尝试文学创作。她虽没有非常漂亮的脸蛋，却像她的绰号"奶茶"一样，美得含蓄而富有韵味。

注重内在知识的丰富、智慧的修养对女人来说是至关重要的。每天多读一点书，你的心灵便会多得到一点滋润。红颜易逝，但智慧可以永存。

书籍是人类的精神财富，书籍更是女人的最佳滋养品。读书带给女人思考；读书带给女人智慧；读书会使女人空荡荡的漂亮大眼睛里变得层次丰富、色彩缤纷；读书教会女人在笑的时候笑，在忧伤的时候忧伤；读书还使女人明白自身的价值、家庭的含义，明白女人真正的美丽在哪里。

"读史使人明智，读诗使人灵秀，数学使人周密，自然哲学使人精邃，伦理学使人庄重，逻辑修辞学使人善辩。"培根在《随笔录·论读书》中写出了读书的益处。晚清民初著名学者王国维曾借用三句宋词概括了治学的三种境界：第一境界，"昨夜西风凋碧树，独上高楼，望尽天涯路"；第二境界，"衣带渐宽终不悔，为伊消得人憔悴"；第三境界，"众里寻他千百度，蓦然回首，那人却在灯火阑珊处"。由此可见，读书学习只有甘于孤独，不怕孤独，日积月累，持之以恒，才能到达"灯火阑珊"的境界。

作家林清玄在《生命的化妆》一文中说到女人化妆有三个层次，第一层的化妆是涂脂抹粉，表面上的工夫；第二层的化妆是改变体质，让一个人改变生活方式、保证睡眠充足、注意运动和营养，这样她的皮肤会得以改善、精神充足；第三层的化妆是改变气质，多读书、多欣赏艺术、多思考、乐观生活、心地善良。因为独特的气质与修养才是女人永远美丽的根本所在。

喜欢读书的女人，内心是一幅内涵丰富的画，文字可以书写性情、陶冶情操。喜欢读书的女人常常是有修养、有素质的女人。一个女人最吸引人的地方就在于她丰富的内心世界，以及表露出来的优雅气质。"书中自有黄金屋，书中自有颜如玉。"岁月的流逝可以带走姣好的容颜，却无法带走女人越来越美丽和优雅的心灵。书籍，是女人永不过时的生命保鲜剂。

如果给整个世界的美丽打十分的话，没有女人，那将失掉七分色彩；女人有十分美丽，但如果远离书籍，将失掉七分内蕴。读书的女人是美丽的，"腹有诗书气自华"，书中的内容会化成营养滋润着女人，由此女人的面貌开始焕发出迷人的光彩，那光彩优雅而绝不显山露水，那光彩经得起时间的冲刷，经得起岁月的腐蚀，更加经得起人们一次次的细读。正因为如此，你将不再畏惧年龄，不会因为几丝小小的皱纹而苦恼。因为，你已经拥有了一颗属于自己的智慧心灵，有了自己丰富的情感体验，你生活中的点点滴滴将会书香四溢。

书是女人永恒的情人，它不弃不离，始终如一，永远都在奉献，从不索取回报。才华是女人保持个人魅力的法宝，让皱纹迟到，让青春不老，是每一个女人心中的梦想。让女人青春不老的法则就是：多读书，让心态年轻起来。一个与时代同步的女人，一定会是一个喜欢读书的女人，书会让她从内而外都散发出迷人的光彩。

有才华的女人是美丽的，美得是那么的别致，即使不施脂粉也是优雅淡泊、气度不凡；读书的女人是成熟的，追求物质上的简单生活，灵魂中却有繁杂的要求。这样的女人身上蕴藏着巨大的能量，因为她知道什么可以放弃，什么必须坚守。只有成熟的女人，才独具内在气质和修养，才会有自信，才会有岁月遮盖不住的美丽。这是从内到外统一和谐的美丽，是岁月也无可奈何的美丽。

读书可以丰富一个人的内涵，改变一个人的气质，读书应当从何处开始呢？

从书籍中汲取营养，是一个潜移默化的过程，有些书籍或者也可能给你一种提示，指明方向，但要取得真正的进步，还是要靠自己继续修炼。同时，也没必要迫于当时的潮流去读一些晦涩的，或者自己不喜欢的书，与其盲目跟风，不如找些你自己喜欢的书来读。

女人们天生感性，不爱读晦涩难懂的哲理书、残酷的军事书、枯燥的营销书，也是情有可原。其实只文学一类，读通了，也大有天地。只要细心去体味，文学之中也不乏人生哲理、征战攻伐。文学是一个窗口，女人可以通过它以审美的眼光来看待生活。

著名女作家毕淑敏说："日子一天一天地走，书要一页一页地读。清风朗月水滴石穿，一年几年一辈子地读下去。书就像微波，从内到外震荡我们的心，徐徐地加热，精神分子结构就改变了，成熟了，书的效力就凸显出来了。"

这种潜移默化的改变，是女人立世的根本，不管你的理想是在事业上的成就还是在家庭中的位置，智慧和内涵都是最好的基础。

魅力女人总是充满书卷气息，有一种渗透到日常生活中不经意的品位，有一种无须修饰的清丽、超然与内涵混合在一起，像水一样柔软，像风一样迷人。女人一定要书香气十足，多读好书。

岁月会为有才华的女人带来皱纹，却夺不去她的睿智和善良；岁月会为有才华的女人带来白发，却带不走她内在的魅力和修养。岁月可以夺走一切，却夺不去那颗宽厚、智慧、纯真、善良而又骄傲的心，在人生旅途上，读书的女人会走得更加从容，更加美丽。

第二章

独立思考，勇敢做自己

  卢梭说："大自然塑造了我，然后把模子打碎了。"这话听上去很自负，其实对每一个人都很适用。但生活中很多人都接受不了没有"模子"的自己，因此就用公共的"模子"把自己重新塑造了一遍，最后变得自己都不认识自己了。真正做自己是一件很不容易的事情。世界上很多人，你可以说他是随便什么东西，比如说是一种身份，一个角色，一种职业，不管什么都不是他自己。如果一个人总是按照别人的想法生活，不独立思考，总是为外在的事物忙碌，没有自己内心的生活，那么，他就不是他自己。我们要勇敢做自己，多思考，不然自己都不喜欢那个自己了。

做最真实的自己，你本来就很美

真实做自己的人受人喜爱和尊敬，不掩饰本色的女性也更有魅力。

很多人刚入社会就听前辈说："做人不要太傻，不要太单纯。"那么太傻、太单纯又特指什么呢？许多姑娘下意识地认为，指的是不要把自己的本色完完全全暴露，做人要留一手，要学会睁着眼睛说瞎话，甚至是昧着良心待人。

"世界那么乱，我真心给谁看？"

"把自己完全暴露了？这岂不是把自己送出去给人宰吗？厚黑学上可不是这么说的。"

其实，人活在这个世上，一定要时时刻刻保持一颗真诚的心。在生活里、工作上，我们会遇到形形色色的人，无论他们是好人还是坏人，他们首先都是一个"人"。

若是人，就会有爱恨情仇贪嗔痴，有七情六欲，自然也就会有是非观念。一个再丧尽天良的坏人，但凡遇到触及他心弦的人或事，他还是会与普通人一样流下眼泪。一个再铁石心肠的人，若遇到十分伤感的场面，他也有可能被触及心扉。所以这世上没有什么绝对的好、绝对的坏。

在风浪中打过滚的人，他们见识颇多，在他们面前用心计，若是用不好，反倒容易招来他人反感。与其费尽心思把自己锻炼得圆滑世故，还不如把最真实的自己表现出来。

　　林雅是刚来这座城市打工的小女孩，她在求合租的时候遇到一位大姐，大姐一直以来都很照顾她，例如水电费主动给她减半。

　　大姐总说："你刚过来工作，什么都还没有稳定下来，收入也不多，我能够帮你就多帮你一点儿，这点儿钱是小事。"

　　林雅听了大姐的话深有感触。从那时起，林雅每次下班都会主动分担家务，例如周二是大姐打扫房间，她就主动帮大姐将地板擦干净，还做了香喷喷的饭菜等她回来。

　　原本两个人只是合租的陌生人，林雅的坦诚使得一个合租的小屋子忽然有了家的味道。

　　就这样过了一年，两个人之间竟然没有产生过半点矛盾。不仅如此，大姐还记住了林雅的喜好，给林雅送的生日礼物是她最喜欢的裙子。林雅觉得大姐是一个特别好的人，也特地用心为大姐策划了一个生日宴会。

　　在生日宴会上，林雅说了一段很真诚的话："一开始和大姐接触，我总担心她是不是不好交往，到了后来感觉到大姐对我的好，起初我还担忧是不是真的。后来我体会到，大姐人很真实，她把自己毫无保留地展现在我面前，我为自己的多心与戒备感到羞耻。也正因为大姐的行为打动了我，我才以用真实的我对待她。"

　　"过去这一年，我与大姐能开心地生活在一起，全是大姐的功劳。今天借这个机会，我想鼓起勇气问一句：大姐你愿意认我做干妹妹吗？"林雅脸上是真诚的微笑。

大姐边拭泪边忍不住地点头："认，我当然认！"

不要太信奉昧着良心待人的法则，每个人都有心，都会感受，会体悟，人与人交往是否彼此真心相待，但凡是有心的人，势必能够感觉出来。只有真诚待人，才能获得他人的真诚相待，才能被人喜爱，被人尊重。

小花的朋友有一阵子没有出去工作了，近期才重新进入职场，回归社会。她与小花说道："走入社会后发现自己多多少少会变得有点儿'社会化'，有点儿不够纯洁了，多了些城府。"

小花回道："有时候我倒不觉得有点儿城府不好，你可以把它归类于一种与人有效沟通的方式，有点儿'城府'说明考虑得深了，对于他人的感受在乎了，这样能够避免很多矛盾，也让双方的交往变得更顺畅。

"无论如何，只要没有害人的心，不危害社会，不给他人带来麻烦，就够了。无论是否变得'社会化'，只要一直保持真诚的本性，我们就是善良的。有城府，并非就代表变得不好了，恰恰相反，它是长大成熟的表现。"

跳出惯性思维，让自己成为一个与众不同的女人

有人做了一个"中国农村人口受教育状况"的调查，让接受调查的男性和女性分别画出"我的家"。在画的过程中，女人们不但将门窗的个数画得非常清楚，就连小鸡有几种颜色都画得十分仔细，最后，几乎所有的

女人都在纸上画了一栋规规矩矩、四四方方的农家小院。但男人们的画与女人的截然不同，几乎所有男人都画了一幅"地图"。在这幅地图中，"家"只是在一角的小房子，其他地方却画满了商店、村委会、汽车站，甚至还有高楼林立的大城市。

这个调查虽然仅限于农村地区，却充分说明了女人和男人的不同之处。在女人的画中可以看出，女人的思维是家就是全部，无论是否成家，她们都不会轻易地作出任何离开家的决定，这也表明，女人是一种不太愿意改变的生物。

奇怪的是，如果生活状况大体良好，不愿花大力气改变者也情有可原；可有许多女人，明明已对现状十分不满，却情愿整天抱怨，也不思考如何才能让自己变得更好，这实在令人匪夷所思。

大概有不少女性会为此找出各种借口和说辞。有人会认为，女人和男人的社会属性大不相同，女人是"家的动物"，肩负着照顾老人、丈夫、孩子的责任，自然无法像男人一样作出大的改变；也有人会说，女人的自由时光极其短暂，一旦成家生子，身体状况便大不如前，未必经得起折腾，只要生活还能继续，还不如安于现状；更有人觉得，前路漫漫，路上的艰难和困苦都是未知的，即便勇敢向前迈进、探索，也未必会有好的结果，还是安心守住仅有的小日子，即便过得再不如意，起码也有个遮风挡雨的地方。

这样的思维不能说是错误的，但持有这种心态的女人，会过早放弃追求更好生活的权利。如此一来，即便她们再如何抱怨命运不公，她们的命运也很难得到大的改变。

许多女人也许并不相信，无论现在的人生多么糟糕，只要自己愿意跳出自己的惯性思维，就一定会遇见命运的橄榄枝，遇见人生中最耀眼的希望。残疾博士生郭晖就是一个最好的例子。

郭晖是一所外国语学院毕业的博士、哈佛大学访问学者。十来岁的时候，她曾有一双弹跳如簧的腿。在读小学的时候，郭晖喜欢跳舞、长跑，那时，她的梦想是当一个舞蹈演员。

然而，一次误诊毁了她，导致她高位截瘫。刚刚得知自己瘫痪的时候，年幼的郭晖惊呆了，她痛苦地揪住自己的头发，号啕大哭。当时，郭晖觉得天都要塌了，她绝望地认为，自己再也不能跳舞了，也无法在学校里跟同学一起正常学习，她即将成为父母的负担，人生之路也不知会走向何方。

在刚刚得知自己瘫痪的那段日子里，郭晖每日都百无聊赖，整天只能躺在床上翻看各种杂志。父母也觉得，女儿现在这个样子，也不指望她以后能够成龙成凤，只要她愿意积极地活下去就好。

直到有一天，来给她扎针灸的大夫看见床边堆积的杂志，就好心问了一句："你既然有这么多时间看杂志，怎么不把课本拿出来学习一下呢？"郭晖妈妈一听，心中顿时涌出一个念头，她找出家中存放的五年级课本递给女儿，并鼓励她试着自学。

从那天开始，郭晖便开始了漫长的自学道路。那时，由于她只能躺在床上，不方便翻书，所以看了一会儿便要翻身趴着，久而久之，郭晖的胳膊肘都磨出了茧子，但小郭晖没有因此放弃学习，她逐渐在学习中找到了乐趣和希望，并决心通过自己的努力，改变这种只能躺在床上生活的现状。

30多年过去了，已过不惑之年的郭晖看起来沉稳、睿智，颇有才女气质。她的生活不但多姿多彩，甚至活得比许多健康人还要精彩百倍。自大学毕业后，郭晖回到家乡从事英语教学工作，但她的强项并不仅仅只限于英语。在读博士时，郭晖的博士论文题目是关于英国17世纪的一位诗人——琼生，这位诗人很博学，通读了古希腊、古罗马的经典著作，因此，要研究他的作品，需要能够看懂影响过他的书籍。所以，郭晖在学会英语、日语、法语和拉丁语之后，还学习了一门新的外语——古希腊语。

一个自小便高位截瘫的女人，在不能正常入学的情况下，不但一路过关斩将，考取了博士研究生，受到哈佛大学为期一年的访学邀请，还通晓六国语言，这在许多普通女人看起来，是完全不可思议，甚至难于登天的事。但对郭晖来说，正因为她的人生如此"与众不同"，她才必须付出比别人更多的努力，必须勇于做出更多改变。

但也正是由于她能跳出自己的惯性思维，她的人生才意外地走上了一条非凡之路。

从一个高位截瘫，只能躺在床上的女病患，成为一位人人尊敬的讲师、学者，甚至能够时时散发出一种雍容、优雅、自信的气质，需要的不仅仅是不懈的努力，还有她能够跳出自己的惯性思维。郭晖始终相信，只要一个人的手和脑子能动，只要一个人还愿认真追求生命中的每一分钟，无论这个人现状究竟如何，她的未来都不会只是一个梦。

也许有人会反驳，郭晖的成功只是一个特例，甚至是一段奇遇，对于更多健全的女性朋友来说，她们的人生目标并不都那么高远，大部分人只希望能够拥有一份安稳的事业，寻得一位如意郎君，组建一个安定的家庭。

　　然而，安定的人生与能够跳出自己的惯性思维并不相悖。人的一生会历经三万多天，在这漫长的时间里，命运的齿轮并不会朝每个人预想的方向前进。尤其对"不思奋进"的女人来说，许多时候，正是由于自己不愿跳出自己的惯性思维，去改变现状，反而使自己的人生陷入被动，以致工作、婚姻处处不顺。

　　人生好比一条不断奔流的长河，只有不断逆流而上，才能获得上游最清凉的泉水，若是妄图留在原地，不思变化，最终反而容易顺流而下，连一丝安定也得不到了。

为人处世，做一个积极向上的高情商女人

　　1990 年，美国的两位心理学家比德·拉勒维和约翰·麦耶，第一次提出"情商"这个词，也就是情感智商。情商（Emotional Quotient）的英文缩写是 EQ，它代表的是一个人的情绪智力（Emotional Intelligence），是近年来心理学家们提出的与智力和智商相对应的概念。它主要是指人在情绪、情感、意志、耐受挫折等方面的品质。

　　情商包括以下几个方面的内容：一是认识自身的情绪。因为只有认识自己，才能成为自己生活的主宰；二是能妥善管理自己的情绪，即能调控自己；三是自我激励，它能够使人走出生命中的低谷，重新出发；四是认知他人的情绪，这是与他人正常交往，实现顺利沟通的基础；五是人际关

系的管理，即领导和管理能力。简单地来说，EQ 是一个人自我情绪管理以及管理他人情绪的能力指数。

那么，让我们来具体看一看高情商指的是哪些方面的能力比较高。

1. 妥善管理情绪

人人都有情绪，情绪若随着境遇作相应的波动，是正常又合乎人性的。若情绪太极端化或长时间持续地僵化，而你不能掌握调节情绪的方式，便很容易被情绪所困扰。情绪化的人，不但事业不能成功，连正常的生活和工作也可能受影响。

高情商者都善于控制自己的情绪，能抑制感情的冲动，克制急切的欲望，及时化解和排除不良情绪，使自己始终保持良好的心境。举个例子，一个女人遭受了失恋的打击，假如她情商较高，那么她就会选择理智的方式，调控自己的情绪，使自己尽快走出悲伤，恢复常态。而一个低情商的女人则会想不开，冲动之下也许就会做出极端的事情。

2. 正确认识自我

一个人总有某些连自己也看不清楚的个性上的盲点，高情商者常常自我反省，从不同的角度了解、认识自己，客观地评价自己。因此，这样的人从不张狂自傲，一般都能与周围的人融洽相处。一个情商高的女人，会很清醒地看到自己的优点和缺点，既不会因为自己外表的漂亮而自傲，也不会因为自己在某方面不如人而自卑。

3. 自动自发

高情商者做一切事情的动力来自于内部，有很强的自觉性、主动性。决定做一件事后，没有完成是不肯罢休的。做任何事情，都动机明确、兴趣强烈、独立积极、不甘落后，而且有勇气，自信心强。所以，一个情商高的女人懂得自动自发，自动做事、自动学习、自动工作，因此，就算她的智商不比别人高，但也一定能作出成绩。

4. 心态积极乐观

人生不如意事，十之八九。低情商的女人一向都是消极的、悲观的，而高情商的女人都有积极乐观的心态。她们会为周围的美好事物和自然景观而感到愉悦，比如含苞欲放的鲜花，雨后清新的空气等诸如此类的小事情。

她们善于把自己的思路和言谈都引导到正确的轨道上来。她们能迅速地解决问题，把环境中的消极因素压缩到最小限度，并竭力找出积极的东西。

她们对经历过的活动总是给以积极的评论，并总是热情洋溢地谈到自己与人共处的时光。恼火或不愉快时，就想方设法扭转处境，懂得活得快乐是自己的责任所在。她们还认为过去是一个可供借鉴的信息库，而未来是一片快乐的、前途无限的、引人入胜的乐园。

高情商女人爱用这样一些词语：极好的、好的、温暖的、重要的、我喜欢、令人激动的、了不起的，等等。高情商的女人知道保持一种积极向上的乐观的态度，是拼搏获胜的关键。同一件事，常常可以被说成"好的"或"坏的""快乐的"或"痛苦的"。决定性的因素一般是取决于个人所参照的标准，而不是所发生的事件本身。

5. 人际关系融洽

高情商者善于洞察并理解别人的心态，能控制自己的情绪，设身处地为别人着想，领悟对方的感受，尊重他人的意见。因此，他们善于沟通与合作，人际关系融洽，在复杂的人际环境中游刃有余。

从以上说明可以看出，情商是良好的道德情操，是自我激励，是持之以恒的韧性，是同情和关心他人的善良，是善于与人相处，把握自己和他人情感的能力等。简言之，它是人的情感和社会技能，是智力因素以外的一切内容。

有人曾经总结出了决定女人一生幸福的四个因素，即爱情、婚姻、职业和处世中的智慧，而这几个方面恰恰都是情商在起着非常关键的作用。高情商的女人比低情商的女人更容易获得幸福和成功，原因何在？

首先，一个高智商的女人可以在工作中出类拔萃，但不一定能够拥有甜蜜的爱情，因为她常常只顾着爱他，却连他的样子都没有看清，结婚了才发现他根本不是能带给自己幸福的男人。而在相处的时候她们又常常自视清高，缺乏容人的度量，不懂相处的技巧，渐渐地就会失去魅力。

情商低的女人主要表现为缺乏理性认识，意志不坚强，难以控制情感，容易抱怨、冲动，消极悲观。而高情商者则恰恰相反，她们之所以更可能成功，就在于她们永远是自信的，能够以开放的心理接受各种情绪的影响，具有较强的情绪承受能力，并能通过适当途径克服消极情绪所带来的困扰，始终保持乐观向上的精神，对生活充满着希望和信心，从而有勇气和耐心去征服生活中一个又一个艰难险阻，戴上幸福的光环。

一个高情商的女人是智慧的，她不仅拥有一双识别男人的慧眼，而且会将一份爱情打点得"千姿百态""万紫千红"。比如，她会以温情而恰到好处的嫉妒，表明对他的爱和重视；她会适时地利用撒娇任性，来增加爱情的"蜜"度；"战争爆发"的时候，她会就事论事，懂得"收放自如"；她会像母亲一样宠他、呵护他，也会像女儿一样依赖他。这样的女人怎么会不惹男人爱恋呢？又怎么会享受不到幸福呢？

其次，婚姻是女人生命的家园，感情的归宿。但是那些情商不高的女人，常常会把家里弄得战火连绵，不仅婆媳关系紧张，就连曾经与自己亲密无间的老公也开始变得冷冰冰的。所以，我们能常常听到她们抱怨说："是男人打碎了我的爱情梦，是命运夺走了我的幸福，连同我仅有一次的青春和美貌！""我婆婆不理我，我还懒得理她呢！"如此的怨言此起彼伏，不幸简直成了她们的代名词，而她们的幸福也成了男人的恩赐和命运的玩笑。也许婚姻中本没有对错之分，但是，如果我们看一看情商高的女人是怎么经营婚姻的，你就会明白为什么她们能够拥有幸福的家庭。

情商高的女人明白经营婚姻如同经营事业，需要用心。她们不仅支持老公的事业，即使自己是职业妇女，在生活上也无微不至地照顾他。一个小小的电熨斗，一份娴熟的厨艺……更重要的是她们从来不抱怨，不发火。她们征服男人的武器不是强制和管教，而是温情、爱和宽容。而在他人眼里最难处理的婆媳关系上，在她们看来，再简单不过了，只要去爱婆婆，关心她，而不是把她当敌人，就能赢得她的心。总之，她们挥舞着高情商这根魔棒，把一个家经营得幸福美满：老公高兴，孩子快乐，婆婆满意，小姑子称赞……这样的女人没有理由不幸福！

此外，情商高的女人往往在工作上也相当出色，虽然她没有"浓妆艳抹"，但她的体貌、装饰、举止、气质、性格、教养、能力等综合体形成了一种内在的魅力。她们的亲和力深得下属们的信赖，较强的团队意识使得同事们更愿意与其合作，谦虚谨慎的工作态度赢得了领导们的啧啧称赞。

相反，情商不高的女人常常意识不到这一点，她们会认为，大家既然已经分工了，各自完成自己的任务就行了，所以，她们的合作意识淡漠，团队缺乏凝聚力。而且她们常常我行我素，从来不懂得照顾同事的心情和面子，摩擦和矛盾不断，这势必会影响正常的工作。此外，情商低的女人还不会妥善处理与男性同事和上司的关系，结果给自己造成很坏的影响。

最后，高情商女人的一个重要特点是社交能力强，外向而愉快，不易陷入恐惧或伤感之中。也就是说，高情商的女人能在社交中如鱼得水，她们善解人意，不仅会"说"，还会"听"。而融洽的人际关系不仅能在关键时刻助她们一臂之力，而且还能给她们带来心理上的满足感和幸福感。

而情商低的女人的人际关系一般都非常糟糕，因为她们不懂说话的技巧和策略，所以，她们没有什么朋友，生活中常会感到空虚和寂寞，自然感受不到幸福。

由此结论，是谁让女人不幸福？是女人自己，是女人的低情商。谁能让女人活着并幸福着？也是女人自己，是女人的高情商。总之一句话，情商决定着女人一生的幸福。

别让他人左右了你的人生

不在意别人的意见，就会一意孤行，刚愎自用，不知借鉴良言，不知悔改；太在乎别人的意见就会事事求圆满，找平衡，甚至会阿谀奉承，犹豫不决，往往最后失去初衷。当政做事，其重在初衷好有办法；在世为人，其主在有性格有修养。人因事而成仁；事因人而成功。

在意？在乎？对他人意见，要在意，但不要太在乎。

世界知名的心理学家克里夫顿说："判断一个人是不是成功，最主要的是看他是否最大限度地发挥了自己的优势。通过研究发现，人类共有400多种优势，这些优势本身的数量并不重要，最重要的是每一个人应该知道自己的优势是什么，之后要做的则是将自己的生活、工作和事业发展都建立在这个优势之上，这样方能成功。"

有这样一则关于蜜蜂和蝴蝶的寓言。

有一只蜜蜂和一只蝴蝶落在同一花枝上，蜜蜂问蝴蝶："你们是干什么来的？"

"我们是来玩的。"蝴蝶回答道，并且接着反问蜜蜂："你们是干什么来的？"

"我们是来采蜜的。"

"采蜜的？"

"嗯，采蜜的。"

"采蜜做什么？"

"供人享用。"

"什么是蜜？"

"蜜就是花的精髓。"

"我也生活在鲜花丛中，怎么没有见过蜜呢？"

"要得到蜜，需要有发现的眼睛和辛勤的劳动。"

"蜜是什么样的？"

"金黄色的，非常甜美，人们常用它来比喻美好的生活和爱情。"

"这么说你们对人类的贡献可大啦。"

"是呀是呀，所以我们没有那么多的闲时间来玩。"

"那么，我们蝴蝶对人有什么用处呢？"

"你们呀，一无是处！"

它们的对话刚进行到这里，有一群割草的孩子突然来了。孩子们看到红的、白的、黄的、蓝的、黑的、花的蝴蝶翩翩起舞，高兴得手舞足蹈。——蝴蝶们那轻盈洒脱、千姿百态、来去自如、闪烁不定的美丽身影牢牢地吸引住了他们的视线，孩子们追着蝴蝶到处乱跑，开心得如同一群天使。这时，那只蜜蜂和那只蝴蝶又开始说话了：

"奇怪，人们好像更喜欢你们。"蜜蜂惊讶地说。

"嘿嘿，看来我们并不是一无是处。"蝴蝶有点讽刺意味地说。

"难道你们生来是供人们观赏的？"

"是的，你们为人类贡献的是蜜，我们贡献的是美；蜜能满足人的物质需要，美能满足人的精神需要，所以我们和你们对人来说都是有用处的，只不过是用处不同而已。"

"我懂了，我懂了。"蜜蜂连连点头说道。

没有谁生来就一无是处。每个人都有最优秀而独特的地方，这份优秀只属于你自己。只有发现了自己的优势，善于发挥自己的优势，才能使自己的人生增值，创造美好的蓝图。

很多时候，我们总是被别人的意见左右，比如别人说你笨，没有前途，不会取得成功，你也就相信了，从此以后就不再奋斗。其实人生最大的不幸，不是遇到的挫折有多大，而在于我们不认识自己，不知道自己的能力有多大及应该做什么。要善于发现自己的优点并充分发挥优势，相信自己"我能行"。

夏洛蒂·勃朗特凭借一部《简·爱》享誉世界文坛。14岁时，夏洛蒂被送到露海德学校。那时，她的爱尔兰口音很重，衣着寒酸，长得又不漂亮，还患有严重近视（看书时鼻子几乎碰到书本，在户外活动中接不住别人抛过来的球），因此常遭到同学们的讥笑。但是在课堂上，在集体活动中，她不失时机地表现了自己的优势，同学们很快就发现，这个瘦骨伶仃的穷丫头，她的学识、想象力和聪明才智是所有人都望尘莫及的。她以优异的成绩连续三个学期获得校方颁发的银奖，并获得一次法语学习奖。她最大程度上发挥自己的优势，光芒渐渐显露。同学们也由此转变了对她的看法，主动和她交朋友。

毕业以后，她成了母校的老师，但她发现自己根本不喜欢这个职业，也懒得应付那些调皮捣蛋的孩子，于是，她笃定了从事文学创作的志向——要靠写作挣钱、挣脱命运的桎梏。当她向父亲透露这一想法时，父亲却说："写作这条路太难走了，你还是安心教书吧。"她给当时的桂冠诗人罗伯特写了一封信，两个多月后，她日日夜夜期待的回信中写道："文学领域有很大的风险，你那习惯性的遐想，可能会让你思绪混乱，这个职业对你并不合适。"但是夏洛蒂对自己在文学方面的才华深信不疑，不管有多少人在文坛上挣扎，她坚信自己会脱颖而出。她忙里偷闲从事创作，她决心不能像小时候那样纯粹为自娱而写作，她要让作品出版。

夏洛蒂曾鼓动姐妹三人自费合出了一本诗集。据说这诗集只卖了两本。夏洛蒂没有气馁，她先后写出长篇小说《教师》《简·爱》，而且打定主意不再自费出版，因为她相信自己的小说是值得出版商掏钱的。1847年《简·爱》出版后，在伦敦引起了巨大反响，随后被翻译成多国文字。

如果夏洛蒂因为对别人的评价过于在乎而放弃的话，她很可能做一辈子平凡的教师。自我责备、自我贬低是我们所知的最具破坏力的习惯之一。有些人经常以这样的方式伤害自己，似乎很"乐意"暗示自己是一个渺小的人，一个毫无价值的人。

从此刻开始，学会发现自己的优势，把修改缺点的时间用在发挥优势上。做不了太阳，就做星辰，在自己的领域发光发热；做不了大树，就做小草，用自己的绿色装点希望；做不了大河，就做清泉，用自己的甘甜滋润田野。关键是，做最好的自己！

你可以参考别人的评价，但不能让别人左右你的人生。因为，你是你自己！

第三章

学会坚强，勇敢面对

　　苦难是上天给我们的礼物，所以面对苦难，要学会微笑，要敢于吃苦，因为苦尽才会甘来。我们要学习这些成功者的人生态度，做到一笑置之。我们的生命中充满了无数次的巨变，无论是好的还是坏的，我们都应该作好充分的心理准备，以一种宽阔的胸怀去迎接它的到来。人生就像一个百味瓶，酸甜苦辣才是生活的作料。大多数人都向往蜜罐里的生活。在安逸、甜蜜的生活状态下，可以面带微笑、快乐地生活着。可是生活不可能停留在一种状态，当生活的急转弯出现时，如果没有坚强的性格，积极的人生观，或许很容易一蹶不振。所以，无论品尝到生活给予我们的哪一种味道，都是上天的恩赐。没经历风雨怎能见彩虹。在短短几十年的人生路上，关键是拥有一种洒脱的魄力，能够微笑地面对每一天。

在杂乱的世界里，筑起一面"坚强"的墙

我们要坚信：生活丢给我们一个问题，它必然会同时给我们一个解决问题的办法。

生活中我们不必总是祈求万事如意、好运连连，要知道，生活就如同善变的天气，你无法预知会发生什么，随时都会狂风大作，暴雨不断。生活中无论什么击倒了我们，我们必须能重新整理自己，像一个强者，跌倒了再爬起来，为自己筑起一面"坚强"的墙，去迎接新的挑战。

困难中往往孕育了一种叫希望的东西。

《欢乐颂》从播出以来受到了人们的喜爱。该剧主要讲述的是从外地来上海打拼的樊胜美、关雎尔、邱莹莹三个女生合租在一套房，和高智商海归金领安迪、富家女曲筱绡同住在一个叫"欢乐颂"的中档小区的22楼里。这五个女生性格不同，每个人都有工作、爱情和家庭的不如意，她们因为是邻居而相识，之后渐渐相互敞开心扉，在这个过程中一起解决彼此生活中的难题，并且彼此在上海成长与蜕变。

其中樊胜美这个角色让人十分喜欢，因为很多人从她身上看到了自己，也看到了她的坚强。樊胜美，30岁，是外企的资深人力资源，她懂得人情世故，也很仗义。她很想嫁给有钱人，只不过到头来喜欢她的都没钱，有钱的看不

上她，最后这位美女将要变成剩女，她也只能在相亲的路上越战越勇。

樊胜美出身贫寒，但是长得漂亮，她生在一个十分重男轻女的家庭，父母对于她的不公平让她很无奈。工作之后，她被哥哥拖累，自己赚的钱全部给了家里，她的家是一个无底洞，不管怎么样都填不满。她讲义气，喜欢帮助朋友，也喜欢打肿脸充胖子，不管自己多么窘迫，她都不愿意在别人面前显露出来，她用坚强维护着自己的自尊。独自支撑着一个家的她开始一心找一个金龟婿，想以此一劳永逸，但经历过被伤害、被欺骗之后，她终于明白，只有自立自强，才能改变自己人生的轨迹。

樊胜美是一个坚强的女人，她在心中筑起了一面"坚强"的墙，尽自己的能力帮助朋友，热爱生活，最后找到了爱自己的人。樊胜美的经历或许是很多女人经历的，我们也要像她一样坚强、勇敢面对生活。

人生如同一艘在大海中航行的帆船，掌握帆船航向的舵手便是自己。有的帆船能够乘风破浪，逆水行舟，有的却经不住风浪的考验，过早地离开大海，或是被大海无情地吞噬。之所以会有如此大的差别，正是因为舵手对待生活的态度不同。前者被乐观主宰，即使在浪尖上也不忘微笑；后者是悲观的信徒，即使遭遇一点风也会让他们胆战心惊，让他们祈祷好几天。一个人或是面对生活闲庭信步，抑或是消极被动地忍受人生的凄风苦雨，都取决于对待生活的态度。

一个人快乐与否，不在于他处于何种境地，而在于他是否持有一颗坚强的心。对于同一轮明月，在泪眼蒙眬的柳永那里就是："杨柳岸，晓风残月。此去经年，应是良辰好景虚设。"而到了潇洒飘逸、意气风发的苏轼那里，便成为："但愿人长久，千里共婵娟。"同是一轮明月，在持不同心态的人眼里，便是不同的，人生也是如此。

上天不会给我们快乐，也不会给我们痛苦，它只会给我们生活的佐料。调出什么味道的人生，那只能靠我们自己。我们可以选择一个快乐的角度去看待它，也可以选择一个痛苦的角度审视它，像做饭一样，我们可以做成苦的，也可以做成甜的。

你的生活是笑声不断，还是愁容满面；是披荆斩棘、勇敢坚强，还是畏手畏脚、停滞不前，何去何从，选择权在你自己手中。

你若不勇敢，谁替你坚强

人生短暂，苦尽才能甘来，然后是平淡、洒脱的人生。只有经历了挫折的重重考验后，我们才不会轻易屈服于失败。直视人生的挫折和压力吧，因为它会让我们更加坚强。

一天，一位女律师到英国国家船舶博物馆参观，以调节她失意的心情。当时她刚打输了一场官司，委托人也于不久前自杀了。尽管这不是她的第一次失败辩护，也不是她遇到的第一例自杀事件，然而，每当她遇到这样的事情，总是有一种负罪感。她不知该怎样安慰那些在生意场上遭受了不幸的人，那些人有的被骗，有的被罚，也有的因打输了官司债务缠身。

当她在国家船舶博物馆观看那些旧船时，忽然被一艘经历不凡的船吸引住了。这艘船原属于荷兰福勒船舶公司，于 1894 年下水，在大西洋上曾 138 次遭遇冰山，116 次触礁，13 次起火，207 次被风暴扭断桅杆，然而它并没有沉没，英国劳埃德保险公司基于它不可思议的经历，将这艘船体已变形、疮痕累累的船从荷兰买回来捐给国家。

这位律师看到这艘船后，产生了一个想法：为什么不让那些生意场上的失意者来参观参观这艘船呢？于是，她就把这艘船的历史抄下来，连同这艘船的照片一起挂在她的律师事务所里。每当委托人请她辩护，无论输赢，她都建议他们去看看这艘船，自此，在她的委托人中，再也没有发生过自杀事件。据英国《泰晤士报》说，截止到 1987 年，已有 1230 万人参观过这艘船。

我们的一生，也可以像那艘不沉之船一样勇往直前，只要我们不放弃希望，勇敢面对人生的每一次挫折。

有一个本来很自立自强的人想创业，于是把她多年的积蓄以及全部财产都投资到一种小型制造业上。由于对变化无常的市场把握不当，再加上前几年原料价格不断上涨等原因，她的企业垮了，她处于绝境之中。她对自己的失败、对自己那些损失无法忘怀，毕竟那是她半辈子的心血和汗水。好几次，她都想跳楼自杀，一死了之。

一个偶然的机会，她在一个书摊上看到了一本名为《怎样走出失败》的旧书。这本书给她带来了希望和重新振作的勇气，她决定找到这本书的作者，希望作者能够帮助她重新站起来。

当她找到那本书的作者，讲完了她的遭遇时，那位作者却对她说："我已经以极大的兴趣听完了你的故事，我也很同情你的遭遇，但事实上，我也无能为力，一点忙也帮不上。"

她的脸立刻变得苍白，低下了头，嘴里喃喃自语："这下子我彻底完蛋了，一点指望都没有了。"

那本书的作者沉默了片刻，说："虽然我无能为力，但我可以让你见一个人，她能够让你东山再起。"

她立刻跳起来，抓住作者的手，说："看在老天爷的分上，请你立刻带我去见她。"

作者站起身，把她领到家里的穿衣镜面前，用手指着镜子说："这个人就是我要介绍给你的人，在这个世界上，只有这个人能够使你东山再起。除非你坐下来，彻底认识这个人，否则你只有跳楼了。因为在你对这个人没有充分认识以前，对于你自己或这个世界来说，你都将是没有任何价值的废物。"

她站在镜子面前，看着镜子里的那个憔悴的面孔，看着看着她哭了起来。

几个月之后，作者在大街上再次碰见这个人，几乎认不出来了。她的脸上不再挂满沧桑，脚步也异常轻快，头抬得高高的，衣着也焕然一新，完全是一个成功者的姿态。

她对作者说："那一天我离开你家时，只是一个刚刚破产的失败者。我对着镜子发现自己也不愿意看到这么颓废的自己，我要改变。现在我又找到一份收入很不错的工作，薪水也很可观。我想用不了几年，我依然会是一个坚强的女人。"

一个人如果懒于行动，容易退缩，并且在困难中日益消沉，那你追求的就不是成功，而是失败了，因为我们把一次的失败当做终点，在这儿止步不前，将导致我们一生的失败。

用乐观的心态去勇敢地面对吧。快乐是一种心态，一种情绪。这种心态和情绪与挫折和失败无关。如果天下的人们，用鲜花铺满心灵的春天，用快乐填充平常生活，一个脚印接着一个脚印地走，那么每一个脚印都是一首动听的歌！

勇敢的人才能开发出自己的潜能

女人喜欢空想，她们把计划说得天花乱坠，而到了实行的时候，便没有了下文。有资料统计，在选择的人群中，年初制定的计划，在年终执行完毕的连 20% 都不到。计划放在那儿，永远只是计划，只有行动才能让计划变成现实。哪怕是再远大的目标，只要你迈出一步，距离目标就近一步，关键是你要勇敢地迈出第一步。所以，当你有了目标就要去行动，用实践去争取好运气。

在美国有这样一个老太太，她打算从得克萨斯到佛罗里达做个徒步旅行。要知道这个距离相当于从北京到香港的距离，很多人都不相信她能够完成，可是老太太凭借她的毅力成功地完成了旅行。有记者问她是如何办到的，她说："我确定了目标，就要鼓起勇气去实践，这样才能把自己的潜能开发出来啊，这没有什么神奇的。"是的，实现梦想的关键就在于这一步一步的行动。很多年轻人因各种各样的原因在抱怨，而不为理想付诸行动。当周围立志当作家的朋友，已经在报纸杂志上发表了若干篇"豆腐块"，当要创业的同学已经开始学习管理，想出国的同学已经考过托福……你才发现自己还在原地不动，已经被别人甩掉了一大截。

成功等于科学的方法加上勇敢的行动，这是颠扑不破的真理。行动最让人放心。当我们没有如别人一样的成绩时，先不要抱怨，想想你做了多少，而别人付出了多少。一分耕耘，一分收获。成功背后掩藏着多少努力和汗水。在我们看到别人成功的时候，也要反观一下自己，做了多少努力，下了多少工夫。

女人想法很多，但是真正着手去做的却不多，总是给自己找一大堆借口，其实是自己没有勇气迈出第一步。事实上，只要想做，总能挤出时间。那些忙得不亦乐乎的人，有多少时间用在重要的事情上？

制定目标容易，难的是付诸行动。制定目标可以只是坐下来用脑子去想，实现目标却需要勇敢的行动，只有行动才能化目标为现实。相当多的人制定了目标之后，便把目标束之高阁，没有投入到实际行动中去，结果到头来功亏一篑。当你把目标确定下来之后，接下来最重要的一步就是立即行动起来，向着目标实现的方向拿出具体的行动，杜绝一拖再拖。一个真正的决定必然是有行动的，并且还应立即行动。先别管行动到什么程度，最重要的是要动起来。

当你开始行动的时候，或许还不能看见你所追求的东西究竟是什么样子，这时往往会感到困惑，感到目标的遥远，感到跋涉的艰难。但是，只要你毫不犹豫地做下去，坚持不懈地干下去，你就会发现目标在你的眼里越来越清晰。生命的过程就是不断地去追寻、探询。努力过，才不会有遗憾，才可能开发出自己的潜能。

生活不会同情弱者，只会偏向强者

当我们在人生之路上不停飞奔时，往往会遇见一些轻而易举便能收获颇多的女人。对于这样的女人，大家自然是既羡慕又嫉妒，只能感慨她人被命运眷顾，哀叹自己时运不济。然而，世间哪有无须付出便能收获的好事？即便是那些外表光鲜，工作看似十分轻松的人，他们背后为此所受的艰辛，所付出的努力，都不是旁人所能体会的。

就拿演员这个职业来举例吧。对于外行人来说，演员们拿着极高的片酬，享受着各种荣耀，看起来似乎是一个不错的职业，尤其是一些知名女演员。因此，人们对她们持有各种偏见，以至只要有一些花边新闻出来，她们就会受到网民的各种侮辱和谩骂，再加之经纪公司的公关工作做得不够好，这位演员之前所有的努力都有可能付诸东流。

拍戏，其实并不像许多人认为的那样有趣、新鲜。拍戏的过程艰辛、危险，甚至充满了种种不可预知的矛盾。演员杨蓉就曾在自己的博客中讲述过这样一些事情。拍戏时，只要任务已派下，无论演员处于何种状态，都必须按时将戏拍完。在拍摄《可怜天下男人心》时，杨蓉发着39℃的高烧，却依然要坚持拍摄一场被推到泳池里的戏。而另一次，当上海有着38℃的高温时，她却必须穿上厚厚的毛衣，带上羊毛围巾，盖着厚厚的被子。还有一次，导演要求在旷野拍摄一场淋雨的戏份，但当时的气温却已到了零下，可是演员们依然必须不畏严寒，认真地将工作完成。

然而，身体上的艰辛不是做演员最难以忍受的，当演员们咬着牙将一场又一场戏份拍完后，这些戏份却有可能在后期剪辑时被剪掉。最令演员们无法接受的是，她们明知这些戏份可能无法播出，却依然要发挥十二分的敬业精神，坚持将它们认真完成。即便如此，能拿到极高片酬的，也只是为数不多的几位大牌明星，在她们身后，大都是每天都要为生计发愁的小演员。

在演员这个圈子里，女演员想要混出个名堂，实在比男性同行们辛苦百倍。这不仅是因为在她们成名之前，要历经无数普通女人无法忍受的屈辱，更在于女人的青春极其短暂，而在靠脸吃饭的演艺圈中，作息紊乱的工作方式会使女人的容颜迅速衰老。

然而，那些站在行业顶端的女演员，都早已心知肚明，生活只会偏向强者，不会同情弱者，想要得到，就必须要有付出。那无比耀眼的光环之下，有无数唾沫星子在横飞，有无数次夜不能寐的心酸，更有无数惊心动魄的拍摄场景，若是不能突破这种种困难，不能微笑着将牙咬碎了咽下肚子，则永远都不可能有机会摘夺那顶峰的桂冠。

不知究竟有多少女人明白，世界万物，皆有阴阳两面，想要得到任何事物好的一面，就必须让自己强大。这便是古人所说的"福泽"。

当我们希望成为一个优雅、迷人的女性时，不光要享受四周人投来的艳羡目光，更要忍受高跟鞋的"摧残"、友人的嫉妒、无法随心所欲品尝各式美食以及优雅到腰酸的挺拔姿势。

当我们希望获得他人眼中完美的爱情时，也必将承受此种爱情中的种种苛刻。当我们想要获得金钱时，也必将为了金钱而产生种种困扰。从未有人能够毫无压力便获得一件宝物，也从未有人能将事物的负面去除，只得到它的好处。

周涵毕业于历史专业，离开学校之后，她的命特别好，不但在一家国有出版社找到了工作，还拥有了一位帅气又多金的未婚夫，这简直令班上其她尚在迷茫期的女生嫉妒不已。因为在上学的时候，周涵既不是班上最漂亮的，也不是成绩最好的，更不是家世最好的，可她一出校门，就能如此顺意，怎能让人不嫉妒？

可周涵自己不这么认为。她说："哪儿有天生幸运的人，我有这样的'好命'，是因为我能够承受的压力比别人大得多而已！"原来，刚刚进入出版社的时候，周涵还只是一个实习生，自那时起，她每天都第一个到达办公室，将所有上班前的准备工作都做好。在工作了12个小时之后，周涵依然待在办公室，将网上的资料全部下载好，以备第二天使用。就这样，当社里所有的实习生都受不了繁重的工作、低廉的工资时，周涵理所应当被聘用了。

而那个帅气又多金的未婚夫，周涵也无可奈何地反问大家："你们可知，他身边每天会有多少美女围绕？你们可知，我未来的婆婆在背地里都是怎样说我的？你们可知，我自从交了这个男朋友，同事都在疯狂传我的八卦……"

然而，无论周涵的结局如何，起码她暂时得到了幸福，在面对各种压力的时候，她要做的就是坚强，这大概是她在大学四年里学到的最有用的东西。如今，周涵十分感谢在大学的四年时光，在她眼中，这所一流的学府一直以超强的学习压力著称，因此，每一位学子在毕业之前，都会历经四年强似超人的训练，她们不但每天都要苦读到深夜，甚至连做梦都必须想着学业，否则必然无法通过层层测试。

超强的抗压能力，正是许多女性缺少却必须修炼的。一个女人，若能有超强的承受能力，虽然并不会直接对气质产生影响，但这是女性能在社会上立足的必备条件。

放眼望去，除了天生家世良好之外，其余凡是能够过上锦衣玉食的生活，房、车具备的女子，无一不是深刻知道自己要什么，并能承受什么。这些女人，当她们在爬上成功阶梯的同时，便已作好充分的心理准备。她们知道，无论是男人或是女人，想要达到一个高度，就必须付出与之相应的代价，要想过上理想的生活，就必须经受苦难的折磨。这是与命运"交易"的代价，而她们甘心受过。并且，能达到这种高度的女人，气质也不过只是在她们拥有丰厚阅历之后被岁月赐予的礼物。

第四章

你什么都"知道"，却为什么"做不到"

　　人生就是一个竞赛场，每个人都想成为赢家。赢得人生，并不是靠想象，要靠实实在在的行动，只有把想法付诸行动，才有成功的可能性。要想成功，从现在开始就积极行动起来吧，只要你坚持梦想，将它付诸实践，就能收获成功。

不敢扔掉游泳圈的人，永远学不会游泳

在生活中，我们永远不要太依赖别人，因为当别人在你身边的时候你会感到快乐，你的世界也是灿烂的，但别人离开后，你就没有了世界。有句话说得好：不敢扔掉游泳圈的人，永远学不会游泳。你一直依赖别人，当自己生活的时候，就会感到迷茫，不知所措。

在我们生命中，会出现很多种人，有的人或者只跟你有一面之缘，有的人可能会陪你走一程，有的人可能陪你走一生。不管生命中会出现什么样的人，会发生什么事情，我们都不能太依赖别人，因为再亲密的人到最后都会离你而去，总有一天你会一个人走过剩下的岁月，为了让痛苦少点，孤单感不那么强，你就要独立起来，不能依赖别人，要在自己的心里留出一片净土，要相信自己，爱自己。

或许你的父母很有钱，他们的财富足够你一辈子不愁吃喝，但是父母有一天也会离你而去，当父母走后，你还是要在这个世界上活着。这个时候并不代表你生活在这个世界，你也只是生存下去而已。对于一个人来说生存下去很容易，动物都会生存，甚至有一些动物算是生活在这个世界上，它们能够靠自己的本领和命运抗争。如果你只是依赖父母努力的成果，不知道怎么奋斗得到财富，你就不会明白真正的财富就是奋斗的过程。要想好好活在这个世界上，就不要太依赖别人，一直用游泳圈游泳的人，永远

学不会游泳，我们要放弃依赖，学会自己行走在这个世界上，要凭着自己的双手去播种、去耕耘，之后你会得到一笔财富，这笔财富将伴随着你的一生，它永远不会让你孤独，因为那是你的，是独一无二的。

在感情上，我们也不能太依赖一个人，在对待感情的时候要理智地取舍。很多时候，你越想把感情抓牢，它就会越容易溜走，不管是友情还是爱情，我们都要拿得起放得下，不要太过于留恋过去的美好，别太依赖那已经失去的感情，想走就让他走吧，如果他是你的，就算是走了，他还会回来的，当他回来的时候，就是你真正拥有他的时候，就算你赶他走，他也会黏着你。如果那个人没有回来，你也不要太伤心，就算你哭得昏天暗地，他会听见吗？他会管你吗？你要向前看，活出自己想要的样子，让他觉得失去你，是他的损失，你失去他之后将会是人生新的开始。你要证明你从来没有依赖过他，从来没有失去真正的自己，你要保持自信，保持骄傲，寻找属于自己的幸福。

不依赖别人并不是不和他人交往，而是要你坚强，让你随时都坚强，不要总是等到事情发生之后才知道自我安慰，人生处处充满着失败，你要作好迎接失败的准备，这样的你会宠辱不惊，会收获更多的财富。

因为你没有人依赖，所以你要爱自己，你要随时注意自己的身体健康，经常锻炼，不要去做一些傻事，要关注自己的思想是不是正确的，注意自己的心理健康。工作和学习的时候要注意劳逸结合，多充实自己，放松自己，自己每天有事情做，都在最好的状态，那么这样的你才能够保持自信，才能在人生的道路上行走得更远。

不要过于依赖别人，自己要去努力奋斗，一直在游泳圈里的人，不可能学会游泳，自己努力去尝试，去奋斗，相信美好的未来就在自己手里。

不要做"差不多"小姐

生活中很多人做事都觉得差不多就好，因此，我们因为这个"差不多"总犯错误，也是我们最容易被原谅的错误。我们可能因为"差不多"，把一道题目做错了，丢了10分，下次考试可以补回来；我们可能因为"差不多"把重要的文件做错了，下次保证不会犯这样的错了……我们对自己的"差不多"心态总是习以为常，不认为这是不可原谅的错误，但是你想过吗，很多事情是没有可以重来的机会的，考试考砸了可以等下次机会，但是你的重要文件现在就有很大的用处，这样的事情还有回旋的余地吗？人生有多少事情是可以重来的呢？

一位名校女毕业生在面试时表现得非常出色，无论是现场操作Photoshop（图像处理软件），还是为虚拟的产品做口头推介，她都完成得不错。而且还即兴表演了一段小品，赢得面试负责人的称赞。当她结束面试走出办公室时，一位负责的小姐对她说："你是今天面试者中最出色的一个。"但是最终她却没有被录用，她感到非常诧异，就去找该公司的人力资源经理。那位经理说："因为在递交简历的时候，我发现你的简历上有一大片水渍，而且上面还有钥匙等东西的划痕，虽然你向我解释简历之所以伤痕累累的原因是时间太急，来不及再制作新的简历。但我还是不会录用一个连自己的简历都保管不好的人，虽然这是一个粗心大意犯的错，但是，这正反映了一个人的素质。一个粗心大意的人，是管理不好一个部门的。"这位女大学生才想起来，自己出门的时候也发现简历不是很干净，但当时的想法是，反正是一份简历，差不多就行，不用那么讲究，面试官要是问起来，随便找个理由把他打发了。

这位大学生虽然有过硬的专业素质，但是却没有克服自己"差不多"的心态，让自己的这个缺点在负责人面前暴露无遗。也许在你看来这只是一件小事，不用这么较真，但是社会就是这么较真，从你无意中表现出来的素质才最能反映你真实的情况，所以，千万不要让粗心大意的毛病给你的未来蒙上阴影。

生活中也有很多这样的女人，不管在做什么事情时，都觉得差不多就行了，其实生活中很多事情并不是差不多就好了。

一个女人想有所作为，那就要把什么事情都做好，不能"差不多"就行了，不管什么事情都要从小事做起，如果连最简单的小事情都做不好，就不可能做好大事情，更不可能有自己的事业。我们在日常生活中就算最简单的事情，也要做到最好，只有这样才能为以后的事业打好基础。如果什么事情都持有差不多的心态，恐怕最后会落得一个像差不多先生一样的结局。

在日常生活和工作中，很多女人都觉得简单的事情马马虎虎做得差不多就行了，就是因为这样，会给人一种简单的事情都做不好的感觉，小事不愿意做，大事更做不了。

我们上班所做的工作就是周而复始地重复着一个动作，重复着说一句话，重复着办一样的事情，如果做这些事情都保持差不多的心态，那就很快让自己的生活一团乱。在别人眼里简单又容易地事情，能够真正做好真不容易，把简单的事情做好就是不简单，把容易的事情做好就不容易。

在生活中，不要小看那些简单的事情，不要做"差不多"小姐，要做就做个把什么事情都做到极致的女人。

优雅地接受失败

失败和成功就跟日出日落、花开花谢差不多，今天的太阳下山了，明天的太阳会升起来，而且会更加耀眼；今天的花谢了，明天又有新的花开了，并且开的比之前的娇艳。作为一个女人，要学会优雅的接受失败这个事实，然后再从失败中爬起来，做一个生活中的勇士和强者。

1995 年，22 岁的马利带着 5 万元资金走上了创业的道路，她觉得，ELENE 是国际十分知名的品牌，如果要想让它在中国打开市场，首要的一点就是让它在大城市建立起自己的形象，如果在创业初期就让北京人和上海人知道这个品牌，那全国的市场就会很快被打开。于是她把自己创业的第一站选在了上海。

ELENE 刚到中国市场，并没有像马利想象的那样很快被接受，因为它并不具有品牌优势，马利手里的那一点资金没有办法做大一点的广告推广，因此，大众的目光并没有被这个品牌吸引。

马利听说上海第一百货的销售额很高，于是她就在上海第一百货设立了一个专柜。但是上海第一百货所有的专柜都是一样的，这样就没有办法突出 ELENE 的品牌特色。就算马利每天都亲自进行产品介绍和推广，为产品费劲了心思，每天说话说得口干舌燥，市场依然没有任何好转。除了品牌没有得到上海人的认知以外，当时的上海人对于外地人的容纳性也不好，这就导致了交流障碍，在上海创业的计划最后以失败告终。在上海奋斗了将近一年的马利没有办法了，只好撤掉了上海的专柜。

在上海创业的失败，让她清楚地认识到：创造成一个大众都认知的品牌才是成功的基础。马利在 1996 年回到了深圳，她并没有因为之前的失败就放弃了 ELENE 化妆品。在深圳，她开始做详细的考察和比较，最后在深南中路的柏林名店里设立了专柜。柏林名店中有很多其他店铺没有的国际品牌，在那里设立专柜很符合 ELENE 的品牌档次。

有了在上海的失败教训，马利每走一步就会深思熟虑。为了突出 ELENE 的高品质，马利在装修上下了很大的功夫，装修的每一个细节她都亲自把关。她装修专柜的器材是当时没有多少人使用的银色和蓝色的材料，这突出了时尚和高档，又让 ELENE 在这么多专柜中独树一帜。

马利的这些心血没用白费，功夫不负有心人，选址的成功和独特的装修吸引了很多顾客，马利之后在深圳的另外七家商场开设了专柜，还在全国各个省市设立了省级代理。其他代理柜台都以深圳柏林名店的装修作为模板，ELENE 很快受到了各地女性的喜爱，销量也一直在所有化妆品之中名列前茅。

很多年过去了，马利说，深圳的 ELENE 专柜至今保留着以前的风格，现在很多品牌都仿效它的做法，已经不能突出 ELENE 的独特性了，她想重新装修和设计 ELENE 专柜，让自己的品牌更加突出。马利就是这样观察着市场的变化，刚开始时的亲力亲为让她对市场有了很深的了解；对每一个 ELENE 专柜的城市调查，让她对变化了如指掌，并且能够及时提出相应的对策。

马利代理 ELENE 的成功使她获得了丰厚的利润。于是，她又有了新的计划，她在 2000 年初，开了迪比诗纤体美容中心。她说："我之所以投资美容这个行业，主要是因为在代理 ELENE 的过程中对服务精神有很大的领悟。"

深圳美容院运营得很顺利，之后马利的第二家美容院在成都开业了。她说，以后时机都成熟了，她要开美容连锁店，连锁店里的店长就是店里的优秀员工。

马利身上有一种永远不服输的精神，她经常出现在各地的大型化妆品交易会，这些交易会是她了解化妆品动态的最好平台，也是跟同行学习的好机会。不管到什么地方，她都关注当地的化妆品和美容行业。就算是休息的时候，她也会去查找一些关于化妆品的信息。正是因为不断学习，她从一个什么都不懂的外行人变成了化妆品的行家，这主要就是因为对成功的渴望和不服输的精神给了她无限的潜能。

马利说，她希望自己不仅仅是一个创业者，更希望是一个好妻子、好母亲。马利是一个很传统的人，不管走到哪里她都会给孩子打电话，给孩子关怀。为了能够多一些时间陪伴孩子，她正在努力让自己的企业进入良性循环，这样就不需要她亲力亲为了。马利还说她从来没有想过要做一个女强人，虽然她在工作中要面对着和男性管理者一样的事务。她还说，女性创业者其实是有优势的，在管理上会比男性更人性化，这也是她能发现商机的基石。

一般来说，女性创业者要比男性创业者付出的多，一是因为女性自身的定位和责任感，二是因为人们的惯性思维给女性创业带来了困难。马利就是在这样的条件下一步步从失败走向成功的，对于一个女人来说失败不可怕，男人失败了可以爬起来，女人也一样。女人同样并不是弱者，女人也可以是不服输的，女人也不要轻易放弃所做的事情，只要努力付出了，不管男女都会有所收获。

在生活中，失败谁都不愿意看到，但也不要因为失败了就产生畏惧的情绪。失败并没那么可怕，可怕的是我们不敢面对失败。因此，不管你败得多惨，都不要放弃自己。勇敢的女性会优雅地走在成功和失败之间，因为他们明白一个道理，那就是：只有战胜了失败，才能享受胜利的果实。

你都知道，并不代表你都会做

在生活中有些事情你都知道，但这并不意味着你做得到。那么，如何才能保证我们的想法都能落到实处呢？其实，行动要靠自己来坚持，任何外界的压力只能是暂时的。行动需要人的理想、信念、情感、意志作后盾。

俗话说"有志者立长志，无志者常立志"，千万不要做"语言的巨人，行动的矮子"。

有这样一个女孩，她的父亲是位马术师，她从小就必须跟着父亲东奔西跑，一个马厩接着一个马厩，一个农场接着一个农场地去训练马匹。由于经常四处奔波，女孩的求学过程并不顺利。

初中时，有一次老师让全班同学写作文，题目是长大后的志愿。那晚她写了7张纸，描述她的伟大志愿，那就是想拥有一座属于自己的牧马农场，并且仔细画了一张200亩农场的计划图，上面标有马厩、跑道等的位置，然后在这一大片农场中央，还要建造一栋占地400平方英尺的巨宅。

她花了很多心血把作文完成，第二天交给了老师。两天后她拿回了，第一页上打了一个又红又大的问号，旁边还写了一行字：下课后来见我。脑中充满幻想的她下课后带了报告去找老师："为什么给我不及格？"

老师回答道："你年纪轻轻，不要老做白日梦。你没钱，没有家庭背景，什么都没有。盖农场可是个花钱的大工程，你要花钱买地、花钱买纯种马匹、花钱照顾它们。"他接着说："如果你肯重写一个比较不离谱的志愿，我会重打你的分数。"

这女孩回家后反复思量了好几次，然后征求父亲的意见。父亲告诉他："女儿，这是非常重要的决定，你必须自己拿主意。"再三考虑几天后，她决定把原稿交回，一个字都不改，她告诉老师："即使不及格，我也不愿放弃梦想。"

20多年后，这位老师带领他的30个学生来到那个曾被他指责的女孩的农场露营一星期。离开之前，他对如今已是农场主的女孩说："说来有些惭愧。你读初中时，我曾泼过你冷水。这些年来，也对不少学生说过相同的话。幸亏你有这个毅力坚持自己的目标。"

这个女孩有自己的想法，但是她并没有像做白日梦一样的想想，而是付诸行动，因此她能实现自己的愿望。

为了确保自己的行动有益有效，有始有终，应注意以下四点：

第一，迈出第一步。万事开头难，迈出第一步便是行动的开始。

第二，立即行动。许多人都有一种惰性，做事缺乏只争朝夕的精神。结果明日复明日，万事成蹉跎。为了克服这种惰性，应该学会雷厉风行，凡是看准了的事就立即行动。

第三，雷打不动。人的行为容易受主客观因素的干扰，或中断、或放弃，造成前功尽弃。要想实现目标，必须确保自己坚持不懈。古人云："苟有恒，何须三更睡五更起；最无益，莫过一日曝十日寒。"

第四，征服自己。"自我控制并不单是一种非凡的美德，它更是使其他美德焕发光彩的源泉。"这是《国富论》的作者亚当·斯密的名言。新西兰人埃德蒙·希拉里是第一位成功征服珠穆朗玛峰的人，当有人问她是如何创造这一奇迹的，希拉里回答道："我真正征服的不是一座山，而是我自己。"

以上的四点也许会帮助你找到实践想法的窍门。但这并不是最重要的，重要的是你要有实践的精神。

好运气是在实践中把握的，你要做创造机会的强者，不要做一个等待机会的弱者。主动出击，掌握主动权。

在战争中，掌握主动权是至关重要的，主动方可以决定在何时、何地开战，出其不意，攻其不备；而被动方就只好处处设防，处于"挨打"的局面。那么，怎样掌握主动权呢？最基本的方法是：比对方快一步。作战的方法在于制人，而不是受制于人。

好运气好比市场上的交易，稍一耽搁，价格就变。善于在做一件事的开端识别时机，这实在是一种极难得的智慧。如果你希望生活变得更好，就必须冒一点风险，因为除了冒险，生命没有成长的机会。俗话说："命好不如运好，运好不如流年好。"偶然的一个机会，就足以改变你的一生。问题是，你有没有好好捕获这个机会。擦亮你的眼睛，留意形势变化，争取做第一个捕获并善用机会的人。

对待机会，有两种态度：一是等待机会；二是创造机会。等待机会又分消极等待和积极等待两种。不过，不管哪种等待，始终都是被动的。女人应该主动去制造有利条件，让机会主动降临在你身上，这是创造机会。

古人云："形势的维系处为机，事情的转变处为机，事物的紧切处为机，时节的结合处为机。有目前是机，一瞬间过去不是机；有隙可乘就是机，失去它就没有机。谋划要深远，保密要严格。辨别机在于见识，利用机在于决断。"

也许你会问：既然机会如此重要，而由于某种原因，机会被别人所取，那么，我岂不是败局已定？那倒未必，机会固然重要，但也要善于把握。如果在竞争中，机会掌握在对方之手，也不必沮丧，这时要做的，就是从容应对，准确判断对方的行动，先站稳脚跟，不给其以可乘之机。正如《孙子兵法》中所说："先为不可胜，而待敌之可胜。"一旦对手出现错误，就是你的机会到了。要知道，只有笑到最后的才是成功者。因此，见机而动是最为重要的。

要想做到见机而动，必须善择良机。良机不可能赤裸裸地出现在我们的面前，它常常被复杂变幻的迷雾所掩盖。为此，必须养成审时度势的习惯，随时把握客观形势及其各种力量对比的变化，透过现象发现本质，这样方能及时抓住时机。

做到见机而动，还应注意培养果断的意志品质，杜绝犹豫不决的弱点。行动需要决策。任何决策都有风险。具有百分之百的成功把握的决策，算不上决策，在一般情况下，有七分把握，三分冒险，就应当机立断。人们常犯的错误是，在机会到来的时候，患得患失，犹豫不决。

你一定要彻底杜绝犹豫不决的弱点，勇于实践勇于冒险，在行动中掌握主动权，抓住机会为自己创造好运气。

失败与成功都是我们的资产

人的一生不可能一帆风顺，失败就像前行的路上突然出现了一道悬崖，阻断了你继续前行的路，也昭示了你前一阶段的赶路是无功的。你或许只能折回出发点，重新选择方向，重新起程。这种失败自然是很折磨人的，或许我们数日，甚至数年的努力都因此付诸东流，但是我们没有选择，我们只能接受这样的人生安排，振奋起来，重新选择前进的路。

失败是成功的母亲。每一个成功的人也都是由失败一步一步走来的，所以不要畏惧失败，不要因为失败而气馁，甚至忘记了重新赶路；也不要因为害怕失败而拒绝重新来过。无论你做什么，一次成功的概率是很小的，而且越是伟大的事情，越是百经坎坷才能完成。所以，不要再为了昨天的失败而耿耿于怀，对着失败勇敢地笑一下，不管是失败还是成功，都是我们人生路上的财富。

不可否认，失败对人的打击是巨大的，但是我们不能因为这沉重的打击就丧失了对明天的希望。表面上看因为这次失败，你先前做的努力，耗掉的时间都化为乌有，可是实际上它并不是完全没有意义的，起码它向你指明了这个方向是错误的，为你今后的正确选择奠定了基础。

作为一个成功的女性，李亚至今对于八年前的那次投资失败记忆犹新。对她而言，那次失败真的是命运的转折点，如果她没有迈过那个大坎，现在的她或许依然落魄不堪。那一年，在下海经商的浪潮下，李亚辞去了稳定的工作，想自己创立一番事业。

创业之路是艰难的。她的公司在激烈的市场竞争中跌跌撞撞地一路走来，虽然一直没有很好的成绩，但也是稳中求进。不料，由于她的一次投资失败，不但没有获得利润，而且差点将她的老底全部折进去。公司员工辞职的辞职，跳槽的跳槽，好好的一个公司眼看就垮了。经历了这样的失败，一时之间，李亚心灰意冷，她时常借酒浇愁，看着眼前的烂摊子，愁上加愁。家人、朋友的劝告也没有效果，那时候的她脑子里面全是"失败"两字，一想到这次失败把她好几年的心血全部赔进去了，她就寝食难安。

后来，因为精神不佳，吸烟、失眠等一系列的问题导致了她身体的不适，最终她听从了朋友和家人的劝告，去接受了心理医生的辅导。在医生的帮助下，她慢慢地冷静下来，开始重新思考。她意识到，生意上的失败带给她的不过是钱财的损失，但是精神上的失败则会导致她人生的损失，其实好好想想，不管是失败还是成功都是人生的一种经历。

自助者，天助也。在她打算振奋精神，重新来过的时候，上天也给了她一个机会。她以前的一个生意伙伴主动联系上她，要与她共同完成一个生意计划。有了以前的经验，她在这次难得的机会中发挥了超常的慎重和冷静，圆满地完成了合作，稳赚了一笔。从那以后，她和她的公司又恢复了稳中求进的状态，以前的那次失败让她学会了慎重从事，也学会了如何正确地看待失败。

假想李亚一直对失败耿耿于怀，那么今天的成功可能只是她的幻想。每一个人都不可能永远做对，事实上，失败对于成功者才是珍贵的经验。如果因为一次失败，就放弃了探索，那么人就不会站立走路，人类文明也不会发展到现在的程度。

人生不如意事十之八九，所以正确地看待失败，不要埋怨命运对你不公。成功对于每一个人都是公平的，而你是否能从失败的阴影中走出来继续赶路，这才是你是否能取得成功的关键。相信所有的努力都不会白费，它们或许正以别的形式在支持着你走向成功。

第五章

女人要有自己的事业，活出自己的价值

　　家，既是女人养精蓄锐的避风港，也是掏空挖尽女人精血的地方。一个女人，如果把全部精力都投入家这个战场，那么女人这朵娇艳的花也离枯萎不远了。女人一定要有自己的事业，拥有事业的女人，在工作中举重若轻、做事稳妥、挥洒自如，让上级下级同事对手都心悦诚服、交口称赞，这样的女人永远都是一朵不凋零的花。

钱很重要，女人一定要经济独立

钱的好处，不言而喻。尤其是对于女人来说，钱的魅力更大，有钱的女人与没钱的女人相比，其间的差别就更大。很多女人在婚后就开始围着老公孩子转，不知道钱对自己的意义在哪里，于是，慢慢地，这些女人就麻木了，从一个主动使用金钱的女人，变成一个苦苦哀求金钱的怨妇。在这个过程中，贫穷女人与富裕女人之间的差别让人不得不感叹。

没钱的女人总是羡慕有钱的女人，不知道她们用什么诀窍赚到了那么多的财富。有些女人通过为自己找"长期饭票"的方法来让自己变得"有钱"，殊不知，这种方法只是一时的有钱，那些钱并非真正属于你。所以，我们还是佩服那些能够依靠自己的能力，在奋斗中、在点滴的积累中让自己变得有钱的女人。

当然，我们并不是说有钱就一定万能，尊严是一种由内而发的情愫，而这种由内而发的情愫，如果没有足够的地基，就肯定难以显现在我们脸上了。如果没有钱，很多女人在看见富人或者名贵的金银珠宝时，都会不自觉地低下头；如果没有钱，很多女人长期向老公伸手要钱时，都会有一些不好意思；如果没有钱，女人一旦遭遇婚姻变故，便会一无所有，只剩眼泪……也许，钱并不一定能给我们带来尊严，但是，钱一定可以让我们藏在心底的尊严敢于爬上脸庞，骄傲地展现给世人看，钱一定能够让我们活得更有尊严。

"我富有过，我穷过，因此我知道，有钱比较好过！"这是美国一家投资银行及证券管理公司董事长朱蒂·瑞斯尼克用她的一生证明的一句话。这位女董事长的命运有着我们无法想象的坎坷：从富有的千金到落魄的离婚女人；从亲情围绕到亲人一个个残忍地离去；从健康美丽到两次身患癌症，人老珠黄；从生活阳光到整日酗酒喝药。人生的大起大落、大喜大悲，就这样残酷地发生在这个有两个女儿的母亲身上。没有了青春，更痛苦的是，命运在这个时候让她失去了老公。没有了家庭，也没有了退路，"再找一张饭票"和"自己站起来"这两个声音中，她选择了后者，从证券公司的临时业务员开始新的生活。在这个清一色都是男业务员的证券行业，她以独到的眼光与对客户的热诚，为自己开创了一条生路。从此，她的事业越做越大，十年时间，她成为了一家著名投资银行的董事长。在种种经历过后，她深深明白了一个道理：钱虽不能买来一切，但却可以换来尊严和自由。

我们不能用钱来定义这个女人的一生，但是，我们可以从她的经历中看到钱的意义。钱让她有了面对困难时生活下去的动力，让她的人生达到了一个新的高度，让她在失去所有之后又追回了一切。这是一个幸福的女人？不，我们只能说她是一个用自己的经历证明了钱对一个女人的意义。在她用金钱为自己挣来尊严和自由的时候，很多人却因为钱而被人鄙视，心底总是被戳出一块块难言的伤疤。

　　一部小说中讲述了这样一个故事：一位法学院毕业的女大学生在某小镇检察院实习的时候，与其中的一位有家室的检察官产生了一段婚外情。实习期结束之后，女大学生来到上海，在一家律师事务所工作。一段时间以后，她已是小有成就的律师，有车有房，生活无忧。

　　她一直没有成家，因为她忘不了那个让她刻骨铭心的情人，于是电话联系那位检察官。恰巧那位检察官就在上海开会，女律师迫不及待地想去检察官下榻的宾馆。赴约之前，女律师为了保持当初穷学生的模样，刻意穿着从路边小摊买来的廉价衣服，把自己打扮得像个下岗女工。

　　女律师怀着激动而兴奋的心情来到宾馆，却发现那位检察官已经两鬓斑白。见到她的那身打扮，检察官判断她的经济条件不会太好，就问她现在在做什么工作。女律师说没有工作，有时给朋友们打打杂，她还告诉他，自己还没有结婚。

　　检察官害怕了，以为她是来找他要钱的，就意味深长地看了她一眼，然后对她说："这次出差我也没有带多余的钱，恐怕要让你失望了。"女律师开始还不理解他说的话，等到明白之后，很是气愤和失望，原来他把她看做靠出卖肉体谋生的女人了。

　　在她心目中，他一直与其他男人不同，她把他视为知己。没想到，多年之后，他竟然如此看她。女律师很生气，起身就走，愤怒的她忘记了伪装，出门直奔自己的小轿车。从后面追来的检察官看着她的车绝尘而去，不由得懊恼不已。

　　虽然是小说，却折射出了残酷的社会现实：一个女人穷困潦倒，即便是曾经的亲密恋人也未必会尊重你。一言以蔽之，你可以穷，但不能不上班。

这里的"上班"，包括自由职业和公益事业。从事社会工作，才会具有社会地位。千万别相信男人对你说："回家来吧，我养你。"你不是金丝鸟，别轻易被关进牢笼。

总之，钱对一个女人来说，意味着很多。与其找一张"饭票"，不如自己站起来，告别依赖，创造财富。钱可以让你更体面、更有尊严地生活。

不要只是让自己看起来很努力

女人要有自己的事业，不能仅仅满足于拿到能养活自己的薪水。女人还要在事业上求得发展，要发展就要有一个规划。任何盲目的努力，都不会取得最好的成绩，那就像航行在大海上没有目标的船，花费多长时间，都不会到达目的地。这个时候，你就是看上去很努力，但没有任何成果。

朱某在天津体育学院读大三时，利用空闲时间在一家健身俱乐部里兼职做形体教练。在这家俱乐部，朱某第一次接触到了瑜伽，觉得十分喜欢！

"在那个时候没有什么培训班让我学。刚好有一个机会，就是我在上课，上完课之后是瑜伽课程。每次上完课之后，我都不着急走，在别人上课的时候在外面看，但是不管怎么看自己都不会。"

朱某是一个很看重形体的人，于是她就找一些空闲的时候练习自己看到的瑜伽，但是每次练着练着就不知道怎么的就看起了电视，要不就是玩起了手机，有时候甚至睡着了。因为这样，不管她怎么练都没发现自己形体上的变化。

于是她就经常找闺蜜抱怨："我明明很努力啊，怎么就不见成果呢？"对于这样的问题，闺蜜们都无法回答，因为她们并不知道她在练习瑜伽的时候做了什么，在她们看来她的确很努力。

朱某只是看上去很努力，其实她在本该努力的时候去做了其他的事情，因此她不会取得什么成果。

一个女人如果在职场中摸爬滚打了四五年，仍然默默无闻，原地踏步，甚至碌碌无为，混日子等退休，就会时刻面临着被淘汰出局的危险。久而久之，女人年龄上的优势就会不复存在，人体的各种技能也会处于下降趋势，不可能再有年轻时代的激情和魄力，职场上没有了竞争力，也就等于给自己的前程判了死刑。

不要抱怨这是因为运气不好，或者没有更好的机会，多半都是因为你没有给你的职业作一个规划导致的。

有人说"没有计划，就是计划失败"，这话一点不错，而且也非常适用于职场。看看那些在职场上碌碌无为的女人吧，她们通常都没有计划，抱着走一步算一步，混一天算一天的想法，不曾想过做什么长期的职业规划。

那么，怎样给自己制定一个科学的职业规划呢？成功学家给出了以下几个建议：

第一，给自己明确的定位。你不妨自问：我的核心竞争力有哪些？身价有多少？这些可以凭借自己的职业大环境来做评估，衡量并确定自己在该行业领域内的薪资价值。一般来说，衡量个人价值一方面根据自己的市场竞争力；另一方面则是市场需求。构成竞争力的基本要素是个人素质（包括：知识、经验、技能、阅历及解决问题、处理人际关系的能力、工作绩效、职位高低、知名度等）。

第二，写下你的目标。在职场中，一定要有一个明确的目标，比如你希望用3年的时间做到公司经理的位置，或者你希望5年后拥有自己的公司。不要去考虑你是否能够做到，你首先要敢于把愿望写下来，并记在心里。

第三，分解目标。有了大的目标，并不代表就能实现。比如，你不可能一口气跑上珠峰，你要将它分解成若干目标，征服了一个目标后，再向新的目标发起冲击。

所以，你要明白，从小职员一跃成为老总的可能性实在微乎其微，那么制订能逐步实现的阶梯性可操作目标，是最关键的。同时要注意，制订细化目标是明智之举，但如果目标过于细碎，并不利于职业前景发展的顺利操作，因为不可预知因素会打乱自己的发展计划。

第四，估计将会遇到的障碍。确切地说，写下阻碍你达到目标的自己的缺点，所处环境中的劣势。这些缺点一定是和你的目标有联系的，而并不是分析自己所有的缺点。这可能是你的素质方面、知识方面、能力方面、创造力方面、财力方面或是行为习惯方面的不足。当你发现自己的不足的时刻，就下决心改正它，这能使你不断进步。

第五，不断调整计划。规划总是赶不上变化快，暂不提我们所处的行业会发生不可预知的变化，就是我们自己也很有可能随着阅历的加深，兴趣的转移，而改变自己事先制定的计划。一成不变的发展计划形同虚设，所以要根据个人需要和现实变化，不断调整职业发展目标与计划。

第六，加强自律。自律是成功者必备的素质，女人有时会因为家庭的琐事而忽略了这些。其实要想在职场上取得成功，就要不断提高自己的自律能力，尤其是严格遵守自己制定的职业规划。

如果规定自己在业余时间充电，那么你就不能偷懒，如果你的自律性较差，可以寻求外界帮助，比如让你的父母、老师、朋友、上级主管、职业咨询顾问来监督你。

第七，制订行动计划与措施。有了职业规划，行动便成了关键的环节。没有达成目标的行动，目标就难以实现，也就谈不上事业的成功。这里所指的行动是指落实目标的具体措施，主要包括工作、训练、教育、轮岗等方面的措施。例如，为达成目标，在工作方面，你计划采取什么措施，提高你的工作效率。在业务素质方面，你计划学习哪些知识，掌握哪些技能，提高你的业务能力。在潜能开发方面，采取什么措施开发你的潜能等等，都要有具体的计划与明确的措施。并且这些计划要特别具体，以便于定时检查。

第八，分析自己的角色。如果你目前已在一个单位工作，对你来说进一步的提升非常重要，你要做的是进行角色分析。你可以反思一下这个单位对你的要求和期望是什么？你作出哪种贡献可以使你在单位中脱颖而出？

很多女人在长期的工作中容易变得麻木，那样即便有一个很好的职业规划，也会被搁浅。所以一定要时刻提醒自己，分析自己的角色，成功的女人会不断对照单位的投入来评估自己的产出价值，并保持自己的贡献在单位的要求之上。

每一场战争都需要精心规划，人生也是一场战争，人生就是经由计划、准备、实施，为达成最终目标而展开的持久作战行动。那么计划是什么呢？计划就是将目标分解。

成功的人生一定是合理规划的结果，读书的时候要有学习计划，工作的时候要有工作计划，连生孩子都要有计划。职业生涯同样需要计划，有了计划，你就等于把未来握在了手心，而没有计划，你将会陷入失败的沼泽地。

事实证明，科学的职业规划比努力更重要。如果你在大学刚刚毕业的头两年没有认识到规划职业生涯的重要性，那么现在一定不能再傻乎乎地混下去了。因为如果没有计划，我们的勤奋、敬业、忠诚就如同建立在沙堆上的空中楼阁，谁也不知道会在什么时候坍塌。

要知道自己的优势和兴趣所在

清楚自己的优势和劣势，并且会用优势赚钱的女人是聪明的女人，也是最懂得享受生活的女人。做自己有优势的事情本来就是一件快乐的事，同时还能利用自己的优势来赚钱，就更幸福了！

齐某就在一家女人网站的某个论坛担任版主，同时还兼任记者工作，她所采访的问题都与女人的家庭婚姻生活相关，用她的话说："我的感情比较细腻，比较爱倾听各种情感类故事，而且也挺爱和心理专家交流，这份网络兼职工作，让我能够采访到很多有故事的女人，和她们共同交流，同时还能咨询心理专家，我觉得这很好。在我兼职的过程中，对我自己的感情和婚姻生活也有了很好的认识。每月还有一笔不小的收入，一举两得，何乐不为呢？"

同样，有自己擅长的事情，并将擅长的事情发展为事业的齐某，也在享受着兴趣给自己带来的快乐与财富生活。

对于绝大多数的广东观众而言，阿苏绝对是个"非典型明星"。54 岁高龄因为 TVB 烹饪节目《苏！GOOD》爆红，永远一身中性打扮的她被视为"潮人"，她言辞犀利，敢怒敢言。"很少人能像我凭兴趣赚钱！一连两辑的烹饪节目《苏！GOOD》，意外地成为 TVB2008 年的收视王牌。"

《苏！GOOD》是一档美食节目，每集都有特定食材作主题，主持人阿苏不单亲自带队横扫街市，与隐世厨神、各方高手合力搜罗主题食材，公开拣手秘籍，还亲自下厨，示范烹调私房菜式。她由浅入深教大家煮食之道，在教烹饪之余，还会在闲谈间让观众了解她对食的理解及看法。她从不拐弯抹角，无论是好吃的还是难吃的，都会直接展露在观众眼前。

而她自己平时在生活中，最大的兴趣就是研究各种美食，研究它们的做法、品尝它们的味道。通过做节目，她既能够继续延续自己的兴趣爱好，还能与观众交流，更能赚到钱。实在是美好人生，真让人羡慕不已！

著名广告人庄某也是一个因为兴趣而获得成功的女人，她有着和阿苏一样的幸运。

年轻时候的庄某一直有着自己的理想："我一直向往两个工作，一个是做广告，一个是当记者。我把当记者放在广告之前。"庄某毕业于台湾大学，毕业后，她先是做贸易，因为实在没有兴趣，一年换了四个工作。然后东碰西撞的到报社当记者，因为不是科班出身发展困难，她不得不熄灭了记者之梦。

此时，她只好将方向定位在大众传播。庄某从小就立志要干事业而非找工作，因为广告业与传媒有一些相似之处，她转而追求广告进了台广——当国外部的英文助理。

这是一个对于庄某来说极其轻松的职位，以至于当时的主管担心她不会做得很长久。但庄某是个有目标的女子，这个目标就是希望早一点当上AE（执行广告业务的负责人）。

庄某曾经回忆说："在台广作AE时，我非常善于动脑子。刚进台广的时候常常自告奋勇地去听创意部门的会议，或主动帮其他AE给客户送稿子，凡事都抢着去做。善于听，善于学，有一股子拼命的劲头。"

做了AE的庄某终于知道：做自己真正有兴趣的事比高薪更重要。正是因为兴趣，才让她慢慢走上了成功之路。

真正成功的女人，知道自己的优势和兴趣所在、坚持自己的兴趣，并最终达到利用自己的优势来养活自己、享受生活的美好。这时候的女人，既收获了兴趣爱好，又收获了金钱，是智慧又幸福的女人。

相信自己的价值无可取代

正如世界上找不出两片相同的树叶，也不存在两个完全相同的人，每个人都是一个独特的个体，有自己独立的思想和行为。任何人都不是别人的复制，更不是他人的附庸。常言道，用自己的汗水浇灌的稻谷最香甜。古人即使衣不蔽体、食不果腹，也不食嗟来之食，其精神至今让人敬佩不已。依靠别人的施舍，我们永远得不到爱和尊重，只有凭借自己的力量来创造生活，改变命运，相信自己的价值无可取代。

独立的性格就是要做我们自己，人生最可怕的就是失去自我，把自己的生活变成别人的附庸就没有意义了。相信自己的价值无可取代，去发现生活的意义。

独立，是智慧的彰显，只有不依附于别人的人，才能真正做自己生活的主人，靠自己的双手来提高生命的价值。独立，是成熟的表现，独立的个性能够帮助我们为自己的行为负责，为自己的生命承担，把握自己的人生罗盘，不因外界的力量迷失前进的航向。也许独立意味着更多的艰辛和付出，但同时也意味着无尽的收获与幸福。

当今社会纷繁复杂，在各种思想和声音中，如果你没有独立的性格，很可能随波逐流。没有什么比拥有独立的性格更重要，因为只有这样你才能实现自己的目标，才能真正地实现自己的人生价值。不要生活在权威的影子里，不要依仗已有的力量，要通过自己的努力创造价值。

歌德说："人生而就是有价值的。"每一个人的价值都有他不可取代的地方，女人的价值更是如此。生命的价值并不是绝对的，价值的大小取决于你对生活认识的广度和深度。只要让自己的心灵纯净，只要心里自始至终有美好的希望，每一个人都能够创造出独一无二的价值。

一只破旧的木桶能够让一处花盛开；一朵不起眼的小花也能够为整个春天多加一些色彩。20 岁就不幸残疾了的史铁生用手中的笔创造了自己的蓝天，用一个梦想把自己磨练成一块生铁。女孩，你从来都不会失去自己的价值，只要你相信自己，理想终会实现，你也会发现自己的价值是无可取代的。

当一个人相信自己价值的时候，就能够走出痛苦的深渊。邰丽华就是从不幸的深渊走到了艺术的巅峰，在无声处让自己的生命绽放，"千手观音"让我们看到了她无可取代的价值，这也是对她人生的肯定，那些单纯美好的笑容让我们感受到心底的生命力。而海子沉浸在对自己的怀疑和伤痛之中，独自流泪，让那铁轨粉碎了自己的梦，只留下了满山荒野的枯草和一声叹息。

相信自己的价值无可取代，活出自己的精彩。相信自己的价值无可取代，让自己拥有无穷的力量。现代社会充满了诱惑，人在社会上很容易迷失自我，看不清楚自己的价值，最终把自己的价值依附于物质，精神悲哀地沦为了肉体的囚徒。

不管怎么样，一个女人要找到自己的价值，并相信自己的价值无可取代。天生一人即有一人之业，不管你在什么地方，正在做什么，请带着自信和希望上路，在寻找自己的道路上，你会发现自己的生命如夏花般灿烂。就算你是一只破旧的木桶，你也能为春天增添一些色彩。

爱情和事业，该何去何从

事业，是女人的必需品，更是女人独立的保障。作为一个女人，她的情如丝、爱如蜜，她的生命年华需要爱情的滋润，她的美丽与风采需要爱情来保存。那么，女人该将事业置于何种位置呢？其实，除了女人味、气质，还要经济独立，这样你才会气定神闲，生活得潇洒，一切尽在自己的掌握之中。

有爱情的女人固然令人羡慕，只有事业却没有爱情的女人也谈不上完美，但是，"轻事业、重爱情"的女人有没有想过，爱情是否能守候一生？在爱情与事业之间必须作出一个选择的时候，应该选择爱情还是选择事业？年轻时的你或许会不假思索地回答："选择爱情。"但是，经历了沧海桑田的你一定会说："女人也应该像男人一样，宁可'情场失败'，也不可'没有事业'。"

智慧的女人已经不再把结婚、家庭当作实现自我价值的顶点，而是越来越强烈地把知识和事业看作是与爱情、家庭同等重要的人生支柱。爱情固然是生活的重要组成部分，但它绝对不是生活的全部。爱情是不稳定的，是难以保鲜的，再荡气回肠的爱情也会有激情消失的那一天，而成功的事业将永远证明自己价值的所在。人生本无所谓美满，它是一个不断奋斗、不断感到茫然，又不断收获的过程。

干出一番事业，能证明自己的天赋，是人类与生俱来的一种愿望。这不是虚荣，而是为了证明自己对社会仍有用处，对人类仍有贡献；证明自己没有虚度此生，因此希望有机会来发挥，来提供自己的才能给这个世界，它的出发点是非常可敬的。有谁会想要平庸一生最后在爱情的毁灭中哀叹晚年？年轻的时候是花瓶，摆在那里是装饰；中年的时候是醋瓶，每天都闻着丈夫的身上有没有别的女人的味道，发现一根长头发，都要大动干戈；到了晚年就成了药瓶，照顾了别人一辈子，却不懂照顾好自己。有谁会想让自己变成这种"三瓶夫人"？作为女人，除了柴米油盐酱醋茶，除了相夫教子，还应该努力地充实自己，开垦一片属于自己的天地，要永不言败。

人人都说创业难，但对于柔弱的女人来说更是难上加难。社会习俗常会让女性产生遇到困难就会想到依赖别人解决的一种惯性，这是性别带给女性的另一个性格弱点。如果女人把这种柔弱看成是自己与生俱来的东西，遇到困难就求别人帮助或迁就的话，那么她永远都会一事无成。女人要想成就一番事业确实不容易，要是中途遭遇失败，那更是难以坚持，但只要有永不言败的精神，相信女人也可以开创一片属于自己的天空。

将来的你一定会感谢曾经努力的自己

蔡永康在《给残酷社会的善意短信》中写道：15 岁觉得游泳难，放弃游泳，到 18 岁遇到一个你喜欢的人约你去游泳，你只会说："我不会耶。"18 岁觉得英文难，放弃英文，28 岁出现一个很棒但要会英文的工作，你只好说："我不会耶。"人生前期越嫌烦，越懒的学，后期就越可能错过让你动心的人和事，错过新风景。所以现在拼命努力，将来你一定会感谢现在的自己。

再长的路，一步一步去走总能走完；再短的路，不去迈开双脚将永远无法到达终点。再多一点努力，多一点坚持，我们会惊奇地发现：绚烂的成功之花就在你的眼前。

有一些女孩子是被爸爸妈妈宠大的，在工作之前没有吃过任何苦。

日子过得太舒服就会让人乐观过头，当你大学毕业的那一天，拿着第一份薪水，交完房租和水电费，剩下的钱连生活的基本开支都不够，养自己都很难了。刚开始工作的日子就是大写的凄凉：有班上入不敷出，没班上彻底穷哭。当你为了信用卡账单失眠的晚上，忍不住拨通了家里的电话，正式从一个月光族变成啃老族。这个时候你会明白：经济不独立的人是没有资格谈孝顺的。有人说"孝敬父母就是要多陪伴父母"，但除了陪伴，也要报答，精力和金钱缺一不可。所以，女人必须要努力，努力赚钱，努力生活。等到自己有能力的时候，你回过头来看看走过的路，你会感谢努力的自己。

　　一些女孩没有名校的光环，也没有不需要她们奋斗的父亲，也没有美好的容颜。她们在自己选择的道路上慢慢行走，一步步前进着，走向自己想去的终点。在这个大千世界中，小A就是一个普通人，但她却用尽全力活出了自己。

　　小A有一天突然跟朋友说，我们住进新房子了，她还特意拍下来照片给朋友看。在大学的时候，小A不止一次说过，她一定要在两年之内让爸爸妈妈住上新房子。朋友一直都以为她说说而已，因为那个时候房价已经涨得离谱，一个刚毕业的本科生的工资对于首付来说只是杯水车薪。

　　大家都没有想到的是，两年后，她竟然兑现了自己的承诺。

　　小A家庭状况不是很好，父亲常年瘫痪在床，为了给父亲看病，几乎花光了家里的所有钱，母亲没有工作，原本就是低保户的家庭更加雪上加霜了。父亲生病的时候，她一个星期没有去上学，她回到班级之后，发现班主任正在召集全班同学给她捐款。但小A把这些钱全部退回去了，她说了很多谢谢。

之后小 A 再也没有跟家里要过一分钱，她从重点中学转学到了普通中学，因为那所学校不收取她的任何学费，还给了她很高的奖学金。上大学的时候，她申请了助学贷款，并且无时无刻都在打工。从每小时 30 元的家教，到自己做一些小生意。但这并没有影响她当学生会副主席，很多同学都很敬佩她。她做任何事情的时候都任劳任怨，毕业前夕她熬了好几个通宵剪接视频，一点一点地做着字幕。

和她住在一起的人看着她如此辛苦，却没有任何怨言，很为她心疼。她只是偶尔说，其实我也想跟你们一样啊，但是没有办法，我有责任。大学四年，她不仅没有跟家里要过钱，还每年给家里几千块。工作之后，她在房地产公司上班，每天上班她都忙得团团转，为了早点攒钱买房，她"一分钱掰成两瓣花"。她的工资高了以后，依然穿着很普通，但会给爸妈买很多好东西。

小 A 看着自己买下来的房子，顿时觉得都值得，自己的一切努力没有白费，现在她告诉朋友们，她很感谢努力的自己，让家人过上了好的生活。

电视剧《离婚律师》里有一句话是这样说的：我努力的工作，为的就是有一天当站在我爱的人身边，不管他富甲一方，还是一无所有，我都可以张开手坦然拥抱他。他富有我不用觉得自己高攀，他贫穷我也不至于落魄。

很多人都说女孩要嫁对人，这个"对"是说两个人性格合适，努力同步，而不是坐等着他人"打赏"。因此姑娘你一定要努力，未来的你终会感激曾经努力的自己，只有努力的姑娘才会获得高质量的生活和爱情。

第六章

自立自强，努力追逐梦想

　　每个人的目标、梦想都是自己的宝贝，没有人会比自己更重视、保护它，并且为它奋斗。千万不要寄希望于他人，我们必须自我要求，同时专心致志、全力以赴去实现梦想。当我们在做自己很想做的事情时，将体会到某种因内心充实而来的宁静。这一瞬间，仿佛世界消失了，所有烦恼、困扰、灵魂的噪音皆融入晴空。脑海一片蔚蓝，像沉凝的宝石。

　　这是真正的"高峰体验"，不再惊愕，不再战栗，而是静静地俯瞰千嶂叠翠，黄河在绿野细成金蛇，白云飘在脚下，太阳照在头顶，大气磅礴，峰巅已在你脚下。

在通往梦想的路上，我们都有一颗少女心

　　每一个女人在还是女孩儿的时候，都曾有过绚烂多彩的梦想。有人梦想像灰姑娘一样，在仙女的帮助下穿上水晶鞋，邂逅一位帅气又痴情的王子；有人梦想拥有一对像彼得潘一样的翅膀，在夜半时分能自由翱翔天际，飞往任何自己想去的地方；还有人梦想有一天能够赚到足够多的钱，然后买下一幢漂亮的大房子，按照最爱的风格去装饰它，再用最爱的玩偶填满它。

　　然而，随着时间的流逝，我们渐渐长大，渐渐感受到了生活的残酷，而孩童时期的这些梦想，自然被视为华而不实，甚至异想天开。梦，渐渐被现实侵蚀，女人也开始变得越来越生活化、物质化。

　　就拿恋爱这件事来说，上学的时候，许多人的目标不过是有一个温柔帅气的男友，只要能深爱自己，哪怕没有面包也不会妨碍我们从中得到快乐。而到了刚入社会时，我们渴望的爱情又有了些许变化，此时出现的这个男人不用太帅，但长相起码也要在平均水平上下，并且只要他上进、温柔、兴趣相投、品行好，也愿意好好一起奋斗，我们都会觉得很开心。

　　然而，再过数年时间，爱情之梦渐渐从许多女人的心中淡出。曾几何时，当一对男女坐在一起时，谈论的都是房子、票子、车子及工作背景、家庭背景等话题，当初有关爱情的梦想，在现实面前破碎了一地。

当一个女人走过二十多年的岁月之后，还有几人会将梦想挂在嘴边？当身边众人都在谈论现实的残酷时，依然坚持梦想的女人大概会成为朋友圈中的异类。不过，若我们仔细想想，身边那些人缘最好，甚至最有异性缘的朋友，不正是那些依然心存梦想的"异类女"吗？

生活中，从来不缺爱做梦的女生，只因在这些女生的心中都有一个渴望企及的梦想之地。这些女生也都是因为怀有强烈的梦想才用尽全力，奋力一搏。女人为了梦想而努力奋斗的样子，实在非常可爱。

你一定要相信，在现实里，梦想中的美好事情也是会发生的。

著名哲学家冯友兰的胞妹冯沅君便用她的亲身经历，为我们上了最好的一课。冯沅君可谓浪漫主义作家的典型代表，她终其一生都在笔下描述着"梦"中所发生的事情。

在那个混沌将开的年代，女人们不断冲破禁锢，向着自由恋爱的道路奔去，冯沅君也不例外，自她从兄长们那里听来了各种新学的观念之后，一颗萌动的少女心，就此长出向往爱的枝芽。然而，在那个时候，尽管新思潮不断在中国大地上涌现，但真正能够自由恋爱的女性却是少之又少。

自由浪漫的冯沅君，却没有在这样复杂的社会环境中妥协求全，没有遇见心仪的人，她情愿孤单到老。就这样，在1926年的一个秋天，冯沅君在脑海中演绎了多年的梦，终于出现在她的生命中。

那一年，她遇见了一生的伴侣——陆侃如。当时，陆侃如毕业于北大中文系，又是清华大学研究院的高才生，才华横溢、风度翩翩，是冯沅君心目中标准的伴侣形象。而冯沅君，此时在文坛也颇有名气，二人因业务关系而结识，渐渐擦出了爱的火花。

当冯沅君和陆侃如的合作即将结束时，他们坚定地相信，对方正是自己多年以来苦苦寻求的有缘人。然而，两人正要打算结成连理时，却遭到了冯沅君的兄长冯友兰的反对。他觉得，陆侃如的家庭情况略为复杂，建议冯沅君还是再考虑一下这段姻缘比较好。

然而，冯沅君一心向往浪漫的自由式婚姻，又怎会因为兄长几句阻挠，就轻易放弃多年梦想中的姻缘呢？不过，冯沅君毕竟还是在意哥哥的，她并没有直接顶撞哥哥，而是采用"曲线救国"的办法，领着陆侃如找到了蔡元培和胡适等人，让他们充当说客，说服哥哥同意这门婚事。

在冯沅君的坚持下，最后的结局自然是皆大欢喜。结婚后，夫妇二人合力出版了一部学术著作——《中国诗史》。这是继王国维先生的《宋元戏曲史》、鲁迅先生的《中国小说史略》之后，又一部具有开拓意义的中国古典文学专著。这部著作还被鲁迅指定为重要的参考文献，在学术界产生了广泛而深远的影响。

在那个大多数女性仍被禁锢的年代，冯沅君不仅不断用笔书写自己有关爱情的梦想，更用一生来实现了这个梦想。她不但实现了"愿得一心人，白首不相离"的心愿，更与这"一心人"一同实现了自己醉心研究古典文学的梦想。

这样一生都踏梦而行的女子，令人羡慕，令人景仰，她们的人生因为没有缺憾，所以活得纯粹，活得快乐，活得令人喜欢。而这样在精神领域获得极大满足的女人，其内心必定安宁、祥和，体现出来的气质也是恬静的、柔美的。也只有达到这种境界，才是真正成为由内到外都美丽的气质女人。

不过，也有不少女人会反驳这样的观点，她们定会认为，冯沅君虽然实现了自己的梦想，但如她那般幸运的人并不多见。如今，大部分女生还未毕业，就已不得不为生活四处奔波，起早贪黑，哪有时间与精力大玩"造梦游戏"？

的确，如今的竞争环境实在太过激烈，但若为此轻易放弃心中的梦想，也非人生最明智的选择。女人的一生无论过得多么艰苦，遭遇了多少陷阱，都绝不应该放任自己在社会的泥流中沾染污泥，甚至直到有一天，终于丢失了最初纯净、明亮的自己。

一定要相信，若我们一直爱"做梦"，愿"做梦"，终有一天，梦想便会"赐予"我们最耀眼的光辉。逐梦，会让女人的脸庞永远带有 16 岁的纯真，会让我们的身体永葆 20 岁的活力，更会令我们的内心充满取之不尽的力量。

和梦想同行的女人更加美丽

每个女人都有梦想，梦想是女人天性中的一种浪漫，是一种难舍的情结。

女人都有关于美的梦想，一件漂亮的连衣裙，一个可爱的洋娃娃都是曾经美丽的梦。

每个女人都拥有贵族梦，意识深处都希望自己成为公主或女皇，高高在上，受人追捧，因此有关宫闱或华丽生活的电视电影，一直被女人所钟爱。

女人都有一个远游的梦想。那些记忆里让人刻骨铭心的地方，驱动她们一生不离不弃地去守望追寻。

然而多数的现代社会的女性，尤其是已进入婚姻围城的女人，不知不觉中发现自己学历越来越高，手头的事情越来越多，工作越来越忙，挣得越来越多……而梦想越来越遥远，甚至某天，看着橱窗里美丽的芭比娃娃慨然叹息——这，曾经是我的梦想吗？

1. 女人不能没有梦想，女人因梦想而美丽

女人可以不美丽，可以困顿，迷茫，但是不能没有梦想，只要梦想存在一天，你的生命就会多一份奇迹。

冬奥会上，韩国女单自由滑冠军金妍儿的表演异常精彩，高难度的动作，优美流畅的舞姿，清纯典雅的气质，纯净阳光的笑容……如同雨后彩虹下一颗最闪亮的露珠，清新脱俗而美丽夺目。

金妍儿7岁开始学滑冰，她一直把著名的女滑冰运动员关颖珊作为偶像，梦想滑得像她那样好，像她那样在世界大赛上拿奖，然后她一路朝着梦想前行。期间，她刻苦训练，多次受伤，付出了常人难以想象的努力。终于，她梦想成真了，19岁的她多次荣获世界大赛冠军。金妍儿每次比赛，韩国万人空巷，因为大家都去看比赛没有人买股票，令韩国股市下挫，足见她的影响力之大。是梦想让这个普通女孩的人生与众不同，美丽无比。

有了梦，你的人生会更加丰富、充实，生活才会因此变得更加美丽！

2. 女人要坚持信仰，人生因梦想而精彩

女人的梦想和男人不同，女人一生的梦想多专注于情感、婚姻、家庭、子女等领域。在现实生活中，少部分成功的女人无论其能飞到多高多远，骨子里依然摆脱不了小女人的气质，永远也无法摆脱情感家庭的纠葛。

女人一生中的梦想是变幻最快的，女人的浪漫之花也凋零得最快。当少女变成少妇，女人对爱情的期待多转换成对家庭的经营和维持，对丈夫的守望甚至鞭策。当孩子一天天长大时，女人已经忘记了自己、家庭或者丈夫，人生梦想早已丢弃，把所有的期待和对未来的希望都寄托在下一代身上，包括自己未完成的梦想。

其实大可不必，女人也有坚持自己梦想的权利，也有为梦想去努力的自由。就算是白发苍苍，女人也该有梦想！把遗忘的梦想重拾，装进心灵的许愿瓶，然后坚持向着梦想靠近。

3. 理性思考，感性"做梦"

有一种女人很快乐，她们知道如何面对现实和梦幻，会很恰当地去处理好一切事情。这样的女人对待生活时，会营造充满浪漫而简单的氛围；对待现实中的困惑时，则用理性去思考，顾全大局。理性思考，感性"做梦"。

生活好比画画，理性是线，感性是色彩。如果没有色彩的渲染，再完美的轮廓都变得乏味。轮廓如果被色彩掩盖了，就会失去它原有的风貌。适度的理性和感性同等重要。

理性和感情是相对的。女人的愿望一般都超出现实，她们希望得到精神的自由，又对物质有渴望。精神上的东西是感性的，物质生活是理性的。我们要想活得快乐，就得用理性的思想去争取物质，以支撑自己感性的生活。

女人在理性思考的时候，一般会被感性影响，比如说在和别人说话的时候，总会在不经意间觉得对方很讨厌，有这样那样的缺点，但冷静下来，换位思考或是反思一下自己，才发现自己也是有这些缺点的，而幸亏有朋友的包容。所以，任何事情，我们必须理性地思考，或者说客观地思考，想想这样的事如果发生在别人身上，我们会怎么想，怎么做。

理性思考还包括对一些事物的判断，在不断延伸的生活中，一点点学着去认清这个世界，学着多角度思考问题，学着去看清事情的本质，然后一点点形成自己的价值观，形成自己判断是非的标准，找到自己心中的那份坚持。

有些人的梦想也许还遥远，有些人也许还在许多的梦想中徘徊，有些人也许刚刚实现了一个梦想，正在为新的梦想跃跃欲试。梦想的路是不平坦的，有时我们也需要以游戏的心态轻松面对。但无论如何，女人一定要有梦想，梦想会让人生如一条河流，穿过草原丛林，越过暗礁险滩，时而是涓涓的小溪，时而如壮阔的瀑布，一路欢歌，精彩无限。

不去努力，梦想就只是想想

有一个姑娘长得很漂亮，但人生并没有给她很多优待。她出生于一个特殊家庭，父亲经常流连于不法场所，也喜欢酗酒，一喝醉就会回家打她的母亲，家庭不和睦就注定了她的成长之路走得坎坷。

她在 15 岁的时候辍学独自去北京打拼，因为长得好看，经人介绍做了模特圈最底层的模特。据她回忆，那个时候为了赚取微薄的生活费，她要参加拍摄到凌晨两点，大冬天一个人伴着路灯走回来。那时为了省钱，她租不起较好的房子，只能蜗居于地下室。

"每次半夜回家，都是我最害怕的时候，因为那段路没有路灯，踩着高跟鞋走在坎坷的小路上，身后传来的是自己脚步的回声。我常常以为有人在后面跟踪，害怕遭遇什么不测，所以我就在大冬天脱了鞋子狂奔。"

赤脚踩在冰冷的地面上，是她最痛苦的回忆。她说："那个时候我就想，一定要成名，一定要赚很多钱，离开这个地方。"她不希望一辈子就这样碌碌无为地活下去。

在之后的三年，她在工作的过程中一边攒钱学英语，一边准备自费留学。因为会画画，她自修了服装设计这一专业，由于成绩出色，被英国一所学校破格录取。

她终于从一个普通北漂姑娘，获得了继续学习进修的机会。在英国念书的那两年，是她最开心的日子："我觉得我终于像个人了，我用自己的努力改变了生活，我觉得我离梦想又近了一步。"

这位女孩从英国回来后，她向一位朋友请教一些写作上的问题，而这位朋友则倾听着她对未来的计划："前阵子我参加了一场海选，已经成功入围，相信不久后就会有结果了。"

再之后，这位朋友听说姑娘出国的消息，她已经在韩国成为一名娱乐公司的练习生。

"前辈们都很辛苦，经过几年练习才会出道，现在在学习歌舞和韩语，相信我可以的。"

这位朋友也觉得她可以，多年前她那个成为明星的梦想，终会实现。她也可以不用再住回那种可怕的地方。

在她身上，我们看到了作为平凡女孩的蜕变，梦想并不是奢侈品，只要努力就可以实现。有梦想的女人一般都比没有梦想的人走得更远。因为她们想要的东西多，就必须更努力；想要实现梦想，就需要更加拼命地奔跑。

一个有梦想的女人是充实的。她因为有追求，所以对待生活有着积极向上、乐观的心态；因为对人生有规划与期待，所以又会格外认真努力地生活。

认真的女人是最美丽的，为工作、人生而奋斗的女人更美丽。有梦想的女人会神采奕奕地做事，不虚度岁月。梦想还会给人插上一双隐形的翅膀，能让我们飞得又高又远。

"因为有梦想，所以我知道一切得来不易，也才让我懂得了要去努力完成自己的梦想，不让自己的梦想只是想想。"提起当初那段艰辛的时日，她常常这般感慨。

因为努力，她把这种对世间万物的感谢又转化为新的动力，每当自己觉得辛苦，受到委屈的时候，她就告诉自己，如今一切都是上天赐予的，于是就不气馁了，而更加拼命地去努力，去感受美好，去认真生活。

有了梦想，才不会庸碌地生活，让自己陷入无止境的抱怨中。不会总沉迷于柴米油盐酱醋茶，沦陷于邻里八卦。

长久下去，良性循环，你一定能够更加从容地满是爱心地与身边的人相处，也势必会有个更加和谐美满的生活环境。

当一个人心中满是温情，认真地生活，一定会收获更温暖的感情回报。她们不随意怨天尤人，不认为所有的挫折都是命运对她们的不公。对于她们来说，有个幸福美满的生活是必然的，这是一种深远的人生境界。

上天不会亏待任何一个有梦想并为之奋斗和努力的人，拥有一个梦想，会让我们的人生更加有意义，但如果只有梦想而不去努力实现，那么梦想也就只是想想。

做一个有涵养的女人，我们需要树立梦想，并且为了梦想去努力，不让梦想只是想想。

人人都爱积极向上、懂得处世、努力上进的女人，让我们做个智慧的人生赢家。

靠自己实现梦想，你就是女王

当女人的梦想被现实磨灭得差不多的时候，许多人都会开始习惯甚至开始向绝望的生活妥协。渐渐地，女人们会忘记儿时发下的誓言，会忘记曾经向往的美好事物，她们不再挣扎，并认为这才是生活的本来面目，这种现状已是人生最后的归宿。

不仅如此，还有一些女人自作聪明地总结出：不再相信奇迹，不再期盼命运真的会眷顾自己，一心一意顺从现在的境遇，才是一种成熟的表现。她们甚至告诉自己的孩子，一旦你过了 18 岁，就绝不要再相信王子与公主的童话，绝不要再做任何不切实际的举动，乖乖找份稳定的工作，然后结婚生子，这才是正确的道路。

所幸，并非所有女人都这样想，否则，"奇迹"便真的会从世界上彻底消失。这些"安分守己"的女人也许并不知道，世界上的确存在孕育奇迹的地方，人们可以在这里找到开启梦想的钥匙和指引梦想之路的方向。

"小龙女"龚海燕并不算什么有名的人物，在同学们眼里，她不过又是一位创业成功的女性校友罢了。然而，对于很多人来说，这位曾经的"网络第一红娘"、世纪佳缘的前创始人的人生却有着不同寻常的经历。

龚海燕出生在湖南省的一个小山村里，在她高一时，一场突如其来的车祸，让清贫的家中欠下了巨额债务，弟弟因为没钱念书，不得已辍了学。年少的龚海燕觉得自己实在对不起家人，她希望自己能够早日挣钱，好还清家中的债务。高二时，她下定了决心，不顾家人劝阻，毅然放弃了学业。

辍学在家的龚海燕并没有像同乡一样出去打工，而是看准了市场，找亲戚借了一笔钱开了一家礼品店，因为经营有方，三年时间，竟然有了10多万元的存款。小店经营顺畅之后，龚海燕觉得自己还是懂得太少，她希望去看看外面更加精彩的世界。

或许，正是龚海燕永不畏惧前路，永远相信自己的个性，让"机遇"一再降临到她身上。将经营状况良好的小店交给父母之后，龚海燕又只身南下，来到珠海打工，并进入工厂成为一名流水线上的打工妹。

龚海燕认为，只要努力播下希望的"种子"，便可埋头干事了，至于前路究竟如何，却不是她现在应该考虑的事。龚海燕相信，只要足够努力，一切皆有可能。有一次，工厂举办征文比赛，原本作文就写得不错的龚海燕也积极报名参加。结果，公司领导看中了她那极佳的文采，将她从生产线调去了厂报做编辑，龚海燕的人生再一次被改写。

此时此刻，龚海燕还没有读大学，她甚至没有想过今后的人生将会和这所全国最出名的高等学府扯上关系。这个时候的龚海燕已十分满足，她只想着再干几年，便结婚生子，就和千千万万的打工妹一样，携夫带子在这座城市里以打工为生。

直到一年国庆，龚海燕曾经的同学来到珠海旅游。她们相遇之后，同学给龚海燕讲述了许多大学里的故事。同学的到来，再一次击活了龚海燕那颗向往美好的心，她猛然意识到，自己还能去更广阔的世界探寻，尽管条条大路通罗马，但每扇门的背后都有不同的风景。

龚海燕决定不能再这样平庸下去了，她要考大学，改变一切她所能改变的，她要通过自己的努力过上完全不一样的人生。她辞去了工厂的编辑职务，再次回到了校园，成为了一名高二的学生。

然而，就在龚海燕信心满满，准备奋力一搏时，却没有想到，第一次月考便有八门功课不及格。老师和同学们看看这个成绩，又看看这位转来的大龄女生，脸上写满了嘲讽。

龚海燕想着辞职时的雄心壮志，顿时感到了一股巨大的压力，她用力在课桌上写下"天道酬勤"四个大字，决定加倍努力，一定要将这几年落下的课程全都补回来。龚海燕相信，只要自己坚持这个梦想，就一定能够进入大学的校园。

两个月后，龚海燕一跃成为了班上的第14名，又在第二年开学不久成为了年级第一。梦想在龚海燕的心中不断升级，终于，她从一个辍学在家的打工妹，成为了一名勤奋刻苦，又怀有更多梦想的大学生了。

龚海燕就是一个永远相信前方有奇迹的女子，即便进入了大学，她也没有满足于对梦想的渴望，在这个孕育梦想的高等学府里，她看见了更加广阔和崭新的世界，有了越来越多的梦，并神奇地一一将它们变为了现实。

这个神奇的女子，她最为人惊讶的事迹并不是考上大学的经历，而是继而被保送到复旦读研究生，然后为了找对象成功创办了世纪佳缘网站。造梦，已然成为龚海燕人生的最大乐趣，从世纪佳缘离职之后，她又马不停蹄地推开了一扇又一扇新的创业大门，成就了更多梦想，历经了人生更多精彩的风景。成功后的她，成为了女王。

龚海燕的故事很长很精彩，而她的人生之路远比这些故事精彩得多，因为相信梦想并热爱造梦的女人，最终也会被梦想眷顾，成为旁人仰望及羡慕的对象。一个女人，当她能够不断实现梦想的时候，她将成为一个传奇般的存在，她的外表是否美丽、是否柔弱、是否一眼就能勾魂夺魄，却也不再是那么重要的事情了。

因为当人们看见这样的女人时，首先会为她种种神奇的经历所倾倒，而梦想，就是这些女子最好的装饰品。所以请相信，无论我们的家世如何，无论我们所处的环境多么艰苦，无论我们觉得梦想多么遥不可及，在这个世界上，一切皆有可能。

人人都不可能成为完美女神

著名导演冯小刚曾在女儿冯思语 18 岁的成人礼上讲过这样一段话："亲爱的女儿，现在你要开始接触到真正的人生了，生活有时候并不像你想象得那么公平，世界上没有完美的事物，要学着面对一切真实，接受一些不完美。"

话虽如此，世间喜爱追求完美的女人却数不胜数。有时候，"完美"一词甚至成为了一些女人努力奋斗的最高目标，她们渴望完美的工作、完美的恋人、完美的家庭，甚至是完美的孩子。

女人追求"完美"无可厚非，但古人曾言"己所不欲，勿施于人"。许多女人往往陷入一个怪圈，自己得不到的东西却希望别人来替她完成，结果却背道而驰。

有一位女教师从小品学兼优，老公也是普林斯顿大学的高材生，因此，她总希望自己唯一的女儿也能像他们一样，成为一个"完美"的孩子。为此，这位女教师从幼儿园便开始教育女儿一定要努力上进，考到全国第一，然后进入北京最好的小学、初中、高中，然后进入世界一流的大学。

为了完成这个心愿，这位女教师几乎放弃了一切业余时间。每逢休息，她都会亲自陪着孩子，为孩子报满所有的补习班，然后每天晚上也都会逼迫女儿学习各种课外知识。起初，女儿非常听话，从小学至初中，综合成绩都是前一二名。然而，升入高中后，女儿却渐渐不那么听话了，不但早恋，还经常逃课，不写作业。

女老师看见女儿这个样子十分生气，但她没有询问女儿原因，而是采用了严酷的逼迫方式，恨不得一天24小时都盯着女儿，希望她能够理解自己的苦心，回到学习的"正轨"上来。

然而，女儿就好像故意和她对着干一样，居然隔三岔五玩起了离家出走，气得这位女老师在病床上躺了好几天。母女俩的这场闹剧，做先生的实在看不下去了。一天，他悄悄地将女儿拉到身边，和颜悦色地问她："你母亲这样做，都是为你好，可你为什么又总是要和她作对呢？"

女儿冷冷地哼了一声，答道："她自己是完美主义，就想让别人也像她那样不苟言笑，一生都在学术圈里打转。她让我做什么之前，问过我的意见了吗？我实在是无法在这个家继续待下去了。"

遇见一位完美主义的母亲，的确是这个女儿的悲哀。既然她从小聪明肯学，成绩也不算太差，证明这是一个既勤奋，又有毅力的孩子。然而，当母亲的完美主义压得她喘不过气来的时候，她自然而然会奋起反抗。此时，在孩子的眼里，母亲即便再完美，她也不会幸福，因为在她们的心目中，完美主义的母亲不过是令人害怕的母老虎罢了。

一个完美主义的女人的心中，存在着太多的执念，太多的欲望。当这些欲望无法得到满足，也无处发泄时，拼命追求它们，就成为了完美主义者痛苦的来源。

而一个不断痛苦的女人，气质会完全被痛苦压抑。她们在举手投足之间都会令人感到固执、刻板以及压抑，而当她们也将这种不断追求"完美"的想法强加于他人身上时，就等于将痛苦也分给了别人。

一个优雅有涵养的女人，即便希望自己不断趋于完美，也不会将这种负担加诸到他人身上。因为她深深地明白，完美就像一个无限循环小数，只有无限接近整数的可能，却永远不可能成为整数。

当"完美"成为一个女人的负担时，这本身就是一件不够完美的事情。在这个世界上，存在着一群矛盾的女人。她们看起来精明能干，却似乎没有什么特别好的朋友，也总找不到对象，甚至有人会经常换工作单位。有一天，她们中的一部分人成为了大龄剩女，却将原因归咎为，自己走在了所有男性的前面，所以实在找不到一个合适的伴侣，无法走进婚姻殿堂。

英子长得很漂亮，是一个典型的"白骨精"，月薪超过了两万。然而，尽管她对伴侣的要求并不算高，可依然没有多少男人主动追求她。为此，英子十分苦恼。有一天，她找来闺密一起去逛街。在一番"血拼"之后，英子的手中提了七八个购物袋，她提议暂时"中场休息"，歇后再战。

坐在CBD旁的茶馆里，英子品着手中的香茗，一脸愁容地问闺密："我长得很丑吗？"

闺密摇摇头："你要是长得丑，那我们几个岂不都是脸着地的天使了？"

英子又问："我对男人的要求并不高，不要对方有房有车，也不要对方本地户口，我只求有一个真心待我的人，怎么就没有人来追求我呢？"

闺密看了看英子，又看看她手中的购物袋，想了想，认真地回答道："大概是因为你太过优秀了吧。有哪个普通条件的男人，能受得了自己的老婆逛一次街就消费好几万。你太强大，反而会让人家的心理负担加重。"

英子这样的女子，模样漂亮，工作能力又强，对男人物质条件的要求并不高，看上去似乎很完美，但实际上因为她太过完美，表现出的强势就是"缺点"。

其实，这个世界上的男人大都很务实，如果真有一个这样的女人摆在他们面前，他们定会毫不犹豫地将她娶回家。然而，事实并不像这些女子想的这么简单。尽管她们一再表示自己对异性的要求并不高，但是由于她们太过"完美"，她们的所作所为，也远远超出了一般男性的接受范围，反而误认为她们断然不会看中各方面条件都低于她们的男性。

太过"完美"的女性在举手投足间，所释放出的压强，远远超出了自己的想象，而这种压强又往往会成为别人的负担，令人不敢靠近，这也正是"完美"女性的缺点。因为在这个世界上，大部分都是奋斗的男人和女人，谁都不会靠近一个女神级的人物。毕竟，没有人愿意生活在别人的光环下，成为他人的陪衬。

第七章

保持阳光，激情工作

现实生活中，很多男人不希望女性的事业超过他，只希望他们的女人有份工作，在家相夫教子，不需要有太大的作为。但事实上，当今社会有事业的女性越来越多。可能有人会说，女人的事业会影响到家庭幸福。实则不然，女人应当自立自强，靠自己打拼出一番事业，因为只有有事业的女人才能洒脱快乐。

健康美丽的女人更好命

健康是生命的源泉，是事业的先决条件，更是女人幸福快乐的基础。有了健康，女人才能充满活力，精神抖擞，才能充分参与丰富的劳动生活和社会生活，充分展示和塑造女性的智慧和美。

健康主要有身体健康、精神健康和心理健康三类。其中，身体健康是"1"，其他因素都是"0"，也就是说，身体健康是金钱、地位、财富、事业、家庭、子女的基础。拥有健康就拥有希望和未来；失去健康，就失去了一切。

现代生活中，无论是生产、生活还是审美，都要求现代女性健康精干，既有区别于男子的曲线美，不失女性的妩媚，又足以担起社会责任。也就是说，现代女性是以"健美匀称"为标准的。具体特征为：

骨骼发育正常，身体各部分均匀相称。

肤色红润，充满阳光般的健康色彩与光泽，肌肤有弹性、体态丰满而不肥胖臃肿。

眼睛大而有神，五官端正并与脸形配合协调。

双肩对称、浑圆，微显瘦削，无缩脖或垂肩之感。

脊柱背视成直线，侧视有正常的体形曲线，肩胛骨无翼状隆起和上翻的现象。

胸廓宽厚，胸肌圆隆，乳房丰满而不下垂。

腰细而有力，微呈圆柱形，腹部呈扁平状。标准的腰围应比胸围细1/3 左右。

臀部鼓实微上翘，不显下坠。

下肢修长，两腿并拢时直视和侧视均无弯曲感。双臂骨肉均衡，玉手柔软，十指纤长。

整体观望无粗笨、虚胖或过分纤细弱小的感觉，重心平衡，比例协调。

身体健康的女人是美丽的、优雅的。灵性加弹性，拥有健康肉体的女人才会永远吸引男人的目光，也才会成为社会生活中最美的风景。

但是，由于一些不健康的生活方式正在吞噬着女性的健康，特此提醒爱美女性们注意。

盲目减肥使女人的身体严重失衡。许多女人千方百计想减掉体内多余的脂肪，因而使用喝减肥茶、吃减肥药等各种各样的减肥方式，结果没有使身体瘦下来，反而适得其反。拼命节食的结果是体重减轻了，身体却垮了。

在寒冷的冬季，一些爱美女性却仍然身着短裙，仅靠一条水晶长筒丝袜保暖，这样的打扮确实是时髦，却给健康带来了隐患。

爱美是女人的天性，但若为了外表的光鲜亮丽，在穿戴上"虐待"自己，迷恋又细又高的高跟鞋、又小又紧的内裤和胸衣以及质量低劣的首饰等，长此以往，美丽的背后将付出健康的代价。

职场女人则普遍存在着更多的健康隐患。职场女性身体"亚健康"，主要由化妆不当、超负荷工作、喝酒吸烟、营养不良、作息时间不规律等不健康的生活方式所致。此外，长时间的久坐不动也不利于身体健康，来自电脑的辐射也会使女人面色暗沉，皮肤衰老。

所以，身体健康是头等大事。对于女人来说，不仅要承受来自工作上的压力，还要承担生儿育女、照顾家庭的责任。拥有一个好身体，总是精神百倍，活力四射，才是美丽和优雅的标志。

女人的健康是吃出来的，女人要养成科学饮食的好习惯，用营养美味的饮食为生命保鲜。

科学饮食能让女人保持肌肤弹性，拥有一张健康阳光的面孔。对于女人来说，只要养成健康的饮食习惯，就可以让衰老的脚步放慢。

女人应该明白合理饮食的重要性。科学合理的饮食能够治疗亚健康，让你吃出健康的体魄，吃出美丽的容颜。

1. 饮食不合理是导致女人亚健康的最常见原因

如有些人仍以传统饮食习惯为主，过多摄入低蛋白、高热量食物。许多人不重视早餐，甚至不吃早餐，机体经常处于饥饿状态，致使大脑供氧不足，影响肾上腺素、生长激素、甲状腺素等内分泌激素的正常分泌，严重者可产生情绪抑郁、心慌乏力、视线模糊、低血糖、昏厥等症状。长期的偏食也是导致身体亚健康的重要因素。人体在正常状态下，血液为弱碱性，但是，血液中不论酸性过多还是碱性过多，都会引起身体不适。主食中的面米及副食中的肉、蛋类、白糖等食物，食入过多都会导致酸性体质，诱发亚健康。

亚健康虽然不可避免，但如果能选对方法吃对食物，就可以从亚健康状态调整到健康状态。因为许多天然食物营养全面、无副作用，多食用具有益气养血、扶正、健脑、强身抗衰老的功效，特别是对各种虚损症的调养具有很高的实用价值。

2. 营养失衡影响身体健康

维生素缺失：维生素 A 摄入量较低，要多吃深绿色蔬菜，其中胡萝卜素类含量较高，可以在人体内转化为维生素 A。适当食用动物肝脏、蛋黄、奶制品，尤其长期从事电脑工作的人要多吃。

钙摄入量低于正常需要：奶类、豆制品是钙的良好来源，同时注意补充维生素 D，每天保证至少一个小时的户外活动，经常晒太阳可促进钙的吸收。

缺铁：蛋黄、肝脏、肉末或菜汁都是很好的补铁食物。

脂肪超标：建议多吃鱼、禽类，多吃豆制品。

膳食纤维摄入不足：膳食纤维补充不足，会导致硫胺素不足。硫胺素是水溶性纤维素，膳食纤维摄入减少，缺乏硫胺素，会容易导致便秘。谷胚、酵母是硫胺素的最好来源，要食物多样化，以谷物为主，多吃杂粮及豆类制品。

胆固醇摄入过量：控制动物性食物摄入，控制畜肉、蛋类、动物内脏的摄入，可以用豆类或豆制品代替部分动物性食品。

食盐摄入量过高：饮食宜清淡少盐。

高热量食物摄入过量：合理控制饮食，少吃热能高的食品，如肥肉、糖果、油炸食品，少喝或不喝含糖饮料。尽量不吃零食，两餐间可以选择核桃、瓜子、花生和水果。

摄入过多的糖：经常吃甜食可以加快肥胖，所以要想保持匀称的身材，平常应少吃蛋糕、冰淇淋、奶油等含糖量高的食物。

3. 多样食物合理搭配

任何一种天然食物都不可能提供人体所需的全部营养，因此不可偏食。常规膳食每天须包括谷类、薯类、动物性食物、大豆及其制品、蔬菜、水果等。同一类食物也要经常变换不同的品种，还要结合多种副食及零食进行食用。

饮食中各种食物的比例要合适，不但要注意各种营养素齐全，而且要比例科学、合理、适当。在平衡饮食的基础上还要注意合理的加工烹调、主副食的搭配、食谱多样化，以保证良好的食欲和合理的营养摄入量。

快乐地工作才能快乐地生活

对于大多数现代女性来说，工作已然是人生不可或缺的一部分。事实上，一个人抱着什么样的态度去工作，也就意味着抱着什么样的态度去生活。美国哲学家卡尔文·库艺说："人生真正的快乐不是无忧无虑，更不是去享受——这样的快乐都是短暂的。除非有一份充满魅力的工作，否则你就无法领略到真正的快乐。"

那么，究竟什么样的工作才算是有魅力的工作呢？或许每个人心里都有自己的答案，但我们同时也应该明白，这并不是最重要的。因为，一份工作是否充满魅力并不取决于工作本身，而是取决于从事该工作的人对这份工作所持有的态度。

英国诗人弥尔顿说："一切皆由心生，地狱和天堂只不过一念之间。"如果你认为自己的工作很快乐，你就会工作得很快乐；如果你认为上班简直是一件苦差事，那么从每周一到周五，你都会感到很痛苦。

在人生旅程中，很多时候我们根本无从选择，比如性别、父母、出生环境；或是部分可以选择，比如可以选择学校却很难选择老师，可以选择工作却很难选择上司和同事。但有些时候，我们似乎又有着很多选择，比如面对困难时，你是坚持还放弃；面对逆境时，你是哭还是笑；面对挑战时，你是快乐还是忧伤；面对生活时，你是乐观还是悲观。正因为无从选择，我们学会了接受的同时也经历了一次又一次的磨炼；也是因为可以选择，我们勇敢地与命运相搏，追寻自身价值，实现人生理想。这就是我们的人生。如果你不能牢牢把握自己的选择，你也就失去了主宰自己命运的机会。同样的，如果你无法在自己所从事的工作中领略到它的魅力，寻找到让自己快乐的东西，那么你也就失去了从事这份工作的意义。

有一位学者在他的随笔中记录过这么一件小事。有一天，他在外面散步的时候，看见一个警察愁眉苦脸的，就问他："你怎么了？有什么事情让你烦恼吗？"

警察回答说："我从早巡逻到晚，只有10美元的收入，这样的工作简直是在浪费时间。"

这时，碰巧有一个灰头土脸的扫烟囱的人走过来，一边走一边愉快地吹着口哨。学者拦住他，问道："你一天能有多少收入？"

扫烟囱的人回答："3美元。"

学者又继续问："为什么一天才拿3美元，你却这么快乐？"

扫烟囱的人惊讶地反问道："为什么不呢？"

一旁的警察鄙视地说："只有垃圾才爱干垃圾的工作。"

"你错了，警察先生，"学者严肃地说，"他在干着使自己愉悦的工作，而你每天却被工作奴役着，所以他的人生一定比你的更精彩！"

　　我们大都是平凡的人，做着平凡的工作，但平凡并不意味着平庸，只要让自己所工作的每一天都充实而有意义，工作自然会对我们显示出它的魅力，让我们为之快乐。爱迪生曾说："在我的一生中，我从未感觉到自己是在工作，我只觉得，这一切都是对我的安慰……"如果你将工作当成苦役，每天被迫很早起床，急急忙忙地赶往公司，忙碌一天好不容易才熬到下班，再拖着疲惫的身体回家……这样生活能有什么快乐和意义？所以，从现在开始，不要抱怨。如果你真的觉得工作太枯燥了，最简单有效的办法就是改变一下对工作的态度，多投入一些热情。

　　英国记者丹妮丝·温曾到南美的一个部落采访。那天是集市日，当地土著居民都拿着特产到集市上交易。丹妮丝·温看见一位老太太在叫卖柠檬，虽然没有多少顾客光顾，但她总是一脸笑容地打量着从她摊前走过的每一个人，这深深地吸引了丹妮丝·温。见老太太一上午也没卖出几个柠檬，丹妮丝·温动了恻隐之心，于是打算把老太太的柠檬全买下来，好让她能高高兴兴地回家。

　　然而，当丹妮丝·温把自己的想法告诉老太太时，老太太的反应却让她大吃一惊："都卖给你？！那我下午卖什么？"

　　是啊！大部分的现代人每天去工作，为的都是赚足够多的钱来贴补生活所需。但如果你是纯粹为了钱才去工作的，那么工作也自然会变成生活的一种负累，这种负累会让你背负一生，让你为之感到厌烦和痛苦。

富兰克林说："我做别人的事多，做自己的事少。最终的时刻来临时，我希望大家说'他活着对人们有益'，而不是'他死时很富有'。"活着对人们有益，也是工作赋予我们的意义——积极地对待工作，并努力从中发掘出自身价值，你就会像爱迪生、富兰克林和那位土著老太太一样，发现工作是快乐最大的源泉，是生命的必须，而不是惹人生厌的苦役。

有一个叫布兰尼的德国女孩，在一家闹市区的露天汉堡店工作。她每天都很快乐，特别在煎汉堡的时候，非常用心。许多人对她如此开心表示不可思议，纷纷问她："煎汉堡单调乏味，工作环境也不好，到底是什么原因能让你如此开心地对待这份工作呢？"

"也没什么，"布兰尼回答说，"只是我每次煎汉堡时都会想到，如果点这个汉堡的人能吃到一个精心制作的汉堡，肯定会很高兴，所以我要好好煎每一个汉堡。既然煎汉堡是我将自己的快乐传递给别人的一种使命，那我必须认真愉快地做好它。"

这个回答让人十分感动，于是一传十、十传百，越来越多的人来这家小小的露天店吃汉堡，同时也很想看看"快乐煎汉堡的女孩"。

总公司很快知道了这件事，还派了专人到这家店考察，有感于布兰尼这种热情积极的工作态度，决定重点培养她，并很快升她做了分区经理。

世上没有一件工作不辛苦，没有一处人事不复杂。如果命中注定打工，便全力以赴做好它。布兰尼把做好每一个汉堡、让顾客吃得开心，当作工作使命。那么对她而言，这就是一件很有意义的工作！她工作着也就是快乐着，而她工作的快乐也是她人生的快乐！

努力工作，奏出生命的美好乐章

罗佩萍在台湾出生，她在17岁背着自己的行李去了美国读书，在旧金山州立大学学习国际贸易。刚毕业的时候，她去了一家贸易公司，从底层业务员开始干。

在工作上，罗佩萍是一个很努力的人，那个时候，改革开放刚刚施行，罗佩萍就花了三年的时间把整个贸易流程都熟悉了。罗佩萍也是一个工作很用心的人，她除了自己手上的工作之外，还经常留意那些在贸易之中流通的衣服和鞋子。经过观察，她发现有一个牌子的运动鞋很好，虽然卖的不是很多，但是销量很稳定，她再看台湾市场，还没有人代理，罗佩萍觉得自己的机会来了，于是辞职成立了自己的公司。

到现在很多人都想不通，当时为什么取得全美第二大运动品牌NewBalance，整个台湾代理权掌握在一家只有3个人的"皮包公司"手中，那一年，罗佩萍20多岁。她一人跑到美国公司大本营，要求谈判，因为自己是一个没有什么名气的人，所以并没有人愿意搭理她。但罗佩萍没有放弃，她硬是不走，她对主管提出条件说："只给我20分钟就可以了。"对方觉得她一个小姑娘想要做全台湾的代理商，很有意思，就抱着好奇心接见了她。这一谈对方震惊了，罗佩萍把对方品牌的历史、现实、未来说的头头是道。最后，本来说好的20分钟的时间延长到了6个小时，在罗佩萍的努力下，最终拿下了代理权。

当时的台湾，几乎没有人知道"总统的慢跑鞋"，罗佩萍就带着自己的鞋子去商场一家一户地推销，被人拒绝也是预料之中的。罗佩萍说："他们都觉得这个鞋贵，很不信任我，他们经常反问我，你们怎么都说自己是全美第二大运动品牌？"在这样的情况下把自己的鞋子市场打开是很困难的，但罗佩萍没有放弃，她依然很努力地工作，没有搬运工，她就自己搬运鞋子；邻居对于她占用电梯很不满，她就避开大家乘电梯的时间，早起好几个小时，晚上晚睡几小时。

3年之后，罗佩萍的小办公室变成了办公楼，3个人变成了300人，再也没有人敢小瞧这位美女老板，她订单无数，她的公司成为了台湾销售第二名的运动用品公司。

很多人都在问，努力有什么意义？罗佩萍的事例告诉我们，努力就是做自己想做的事。如果罗佩萍和大多数人一样，安于现状，不去努力，那么她的生活跟很多普通人没什么两样。努力带给了她不一样的生活，她用努力奏出了生命美好的乐章。

现代社会，已经不是"男耕女织"的时代，不仅男人要有自己的事业，女人同样也可以有自己的事业，女人有了事业之后才能独立。只靠男人生活，有时候女人会觉得自己在乞讨，这个时候自己也很被动和苦恼。男人因为事业成功而骄傲，而女人可以通过努力工作，活出最美的自己。

一个女人要想独立，首先要在经济上独立，这个时候才有资本谈优雅。古往今来，那些很优雅的女人都是事业有成的，比如宋氏三姐妹、撒切尔夫人、希拉里等都有着自己的事业。事业让她们优雅，而优雅会促进她们的事业。

其实，工作无所谓好和坏，女人需要的是不断的学习，并有着与时俱进的思想，这样自己的生活才不会单调。家庭虽然是女人的精神支柱，但事业也是女人生命中的一部分。如果男人离女人而去的时候，起码女人还有自己的事业在等着自己

努力工作的女人不一定会成功，但不努力的女人肯定不会成功。女人自己的乐章不能让别人填写，如果让别人填写，那么自己的命运就掌握在了别人的手里，谁知道这个人会不会有一天弃你而去呢？在事业上努力的女人会很有魅力，她们能让自己和时尚同步，时刻保持着新鲜感。努力谱写自己生命乐章的女人更值得所有人尊重。

充好电，在工作中才能做好事

"活到老，学到老"这句话对于现在所有的白领一族来说，有着更深一层的意味。特别是作为白领丽人，如果没有过硬的职场拼杀本领，在职场的位置可就"风雨飘摇"了。无论是拿出业余时间去深造，还是在工作中不断学习，作为职场女性，都应该展开思索与行动，为自己量身打造一个"充电"计划，并最终拥有纵横职场的能力。

前几年《杜拉拉升职记》很火，主要讲述了杜拉拉的职场成长经历。

一个刚进入职场的什么都不懂的小丫头，由市场助理到行政助理到行政主管再到人事行政经理，最后升职到人事资源总监，工资也随着职位的升高而升高，由刚开始的4000到月薪6800再到10000，最后到年薪23万的成长过程，是什么让她成长呢？那就是不断在工作中充电学习。

杜拉拉的好学随处可见，当公司要装修办公室的时候，她努力充电学习办公室装修程序，这让她出色地完成了上海办公室的装修工作。后来杜拉拉在学做人力资源的时候，也不断地向同事请教。这些都是职场人的可贵之处，也是因为杜拉拉不断地学习充电，才让她顺利地纵横职场、升职加薪。

职业女性经历丰富，不应该像职场新人类一般为了多多益善的各种证书而付出过多的精力。你要做的就是找好充电的切入点：一是职业所需的实用知识，二是提高工作能力的实践。那么，职场女性如何有针对性的学习呢？

1. 职场充电：专业精神

面临强大的职场压力，想要稳定立足，就要具备各种能力。你随时会发现自己的不足，针对实际工作的需要，你要充充电了。

2. 修养充电：生活品位

这是一种并不直接但对人有潜移默化影响的充电形式。女性事业成功，但并不意味着她们就拥有了完美的生活，追求完美的女子希望自己从声音、体态到品位、艺术修养以及社交等方面得到全方位的完善。健身、茶道、插花、唱歌、跳舞……修养充电是女性的新生！

3. 高端充电：学当老板

无论你想当个部门经理，或是干脆自己开辟一番新天地，参加高端充电，学习管理都是必不可少的。

4. 随时充电：做个有心人

随用随学。心思细腻敏捷的你要随时随地留心身边的人和事，学会发现生活中的亮点，并注意总结别人的成功经验，然后拿来为自己所用，这可能是生活和工作中能让自己进步最快的一招。

另外，为了更顺利地适应自己的工作岗位，你越来越需要进行充电以便补充相应的能力。为了更好地实现目标，下面的这些"秘籍"或许对你很有帮助。

（1）读一个培训班的花费从几百元到几千元不等，看你报的科目以及培训时间的长短。报名前先做好经济开支的计划。

（2）选口碑比较好的学校，以免进个名不符实的培训班，辛苦几个月收获不大。

（3）依据个人时间安排、个人在本领域的起点以及需要达到的水平，选择适合自己的培训班来读，切不要好高骛远，白白浪费金钱。

（4）充电是业余时间，给繁忙的生活又加了码，要注意在学习之余好好休息，尽量不要选择离住处太远的学校，否则大量时间浪费在路上，会很疲劳，要知道健康是一切之本。

跟上时代，并让自己生活有趣、谈话有料的上上之策，就是给自己充电。一个想要愈变愈好的女人，莫不希望能够扩大知识领域，并从中获得启示。知识不仅是力量，而且像一面镜子一样可以照见自己的优缺点，让我们不仅有自知之明，还能具有先见之明。终身学习是每一个女人应当给予自身的功课，这样才有助于塑造一个心智丰富且具有良好世界观的聪明女人。总之，无论是拿出专门时间去深造，还是在工作实践中不断学习，通过巩固基础和后续坚持不懈的努力，都能使那些有心的职场女性不断适应环境的变化，最终拥有纵横职场的能力。

那些拼命的姑娘，以后一定会光芒万丈

现在社会越来越复杂了，人在这种复杂的环境下生活会累。因此越来越多的女性选择单身，越来越多的男人也不得不单身了。于是，一些女人越来越强大，能像男人一样开车，也很能挣钱，能够做好家务，也能做一手好菜，遇到困难自己扛，不管是在家里还是在外面都是一把手，就算生病了，也能将生活打理得井井有条，很多女人慢慢地从一个软妹子变成了女汉子。其实这样的女人必定经历了太多，因为经历的多了，她们懂得不管什么事都要靠自己，一个人努力的去生活，那么以后才有可能有光芒万丈的人生。

三十四岁的徐志摩死后，留下了28岁的陆小曼一个人生活。1932年，徐志摩的追悼会在硖石召开，由于徐志摩父亲的阻止，陆小曼未能送爱人最后一程。从此，悔恨交加的陆小曼远离了繁华虚浮的社交场所，身着素衣，供着亡夫的遗像，无声地表达着她无处宣泄的思念和悔意。

在陆小曼的《哭摩》一文里，她字字含泪地写道：我一定做一个你一向希望我所能成的一种人，我决心做人，我决心做一点认真的事业……

拥有时不知珍惜，失去后难免抱憾消沉，虽然决定洗心革面，但陆小曼还是花了很长一段时间才从沉重的悲伤中走出来。

或许是前半生享尽了清福，陆小曼的后半生才会如马拉松般疲惫辛苦，饱受贫困和病痛的折磨。度过了徐志摩离世后的消沉期，陆小曼重拾画笔，潜心画画，34 岁那年，陆小曼成为中国女子书画会会员，1958 年加入上海美术家协会。晚年为支付昂贵的医疗费开始翻译外文书籍，与王亦令合译了《泰戈尔短篇小说集》，还独自翻译了艾米莉·勃朗特的自传体小说《阿格尼斯·格雷》。之后过上了自己想要的生活，她身上的光芒让许多人都看到了。

人生有许多不同的阶段，每一个阶段都有着属于那个阶段的心情和喜好。倘若陆小曼先是遇上徐志摩，尝够了他的风流多情带来的苦果，了解到感觉终不敌感情靠谱后，再遇到王赓，或许她也能洗净铅华安心知足地做好王太太。

无奈命运自有安排，在何时何地遇着某人，不是我们所能控制的，然而庆幸的是，对于用何种心情何等方式与之相处，我们还能够掌握。人们爱琢磨手相，可思来想去，事业线、婚姻线、生命线不都在自己手上？把拳头攥起，牢牢把握住自己拥有的一切和每一个能让自己更幸福的机会便是了。

现代女性好像是万能的，看不出她们比男人差在哪里，她们肩膀上有很多的责任，她们自己也能面对许多事情。女人必须要爱自己，这样才对得起努力的自己。

我们大多数人不是富二代，也没有美好的容颜，也不会去傍大款，我们只是普通的我们，只能通过努力自己赚钱，然后去买自己喜欢的东西，去自己想要去的地方。

现在这个社会能给女人的安全感太少了，以前觉得安全感就是一个承诺，是过马路的时候牵在一起的手，而现在女人的安全感是阳光明媚的清晨、是繁华路口人行道的绿灯、是出门的时候口袋里的钱包和钥匙、是手机显示的满格电……

其实，每一个女人都想找一个很爱自己的男人，给自己想要的生活，到最后却发现自己想要的生活要靠自己去争取。人生不容易，快乐的生活，且行且珍惜。

不会撒娇，因为没有人惯着；不敢哭，因为没有人会哄着；不敢偷懒，因为没有人给你钱花。现在，坚强独立是女性唯一的选择！

女人需要时时刻刻提醒自己要努力坚强，没有谁天生想做女汉子，只不过生活有太多无奈，愿那些正在拼命的姑娘，以后可以光芒万丈，过自己想要的生活，找到属于自己的一片天空。

第八章

放下自我，与他人和谐相处

一个人如果太看重自己，就会只见树木不见森林，一股自傲的霸气填满胸中，很容易走向偏执狂妄的误区。因此，一个人无论怎样红极一时如众星捧月，无论怎样素净质朴如深山一隅的小草，都要心怀别太把自己当回事的意识，这是内心祥和，平淡是真，物我两忘的表现，是一种修养，一种胸怀，更是人生境界的极致。

帮助他人就是帮助自己

没有人会鄙视一个乐善好施的女人，一个有爱心的女人也一定赢得更多人的尊敬和喜爱。反之，自私自利、吝啬的女人必定遭人厌恶，人际关系也不会太好。

人在"旅"途，情义无价，女人有时候需要别人的帮助。当一个女人给他人帮助的时候，对方就会领悟到善良的难得和真情的可贵，从而用感激和感谢作为回报。而当自己遇到困难需要援助时，对方也一定会鼎力相助。

人们既需要别人的帮助，也需要帮助别人。从这个意义上说，帮人就是积善积德。没有比"帮助"这一善举更能体现一个人宽广的胸怀和慷慨的气度的了。

对一个失意的人说一句暖心的话，对一个将要跌倒的人轻轻扶一把，对一个无望的人赋予一次真挚的信任。也许自己觉得这些都是举手之劳的小事，而对需要帮助的对方来说，就是支持，就是宽慰，就是希望和力量。

1. 有爱心的女人感动一切，自私的女人失去人心

有爱心的女人是无私的，有一颗热情善良的心。这样的人无论对熟人、朋友还是陌生人，只要有需要，就会毫不犹豫地帮助对方，因为有爱心的女人把帮助别人当成了一种习惯。帮助别人不是为了帮助而帮助，也不是为了获得荣誉和赞赏去表现自己，这是发自内心的一种关注和关爱，是做人的基本修养和美德。

不肯帮助人，总是太看重得失，这样的女人是不受欢迎的。把别人的困难当作自己得意的资本；把别人的失败作为安慰自己的笑料；对别人伸出求援的手会视而不见；别人陷入痛苦中却无动于衷。自私吝啬的女人很少会有同情心，也很少会对别人给予帮助。

2. 女人要把握好施恩与受惠的度才有利于人情的积累

生活中经常还有这样的女人，帮了别人的忙，就觉得有恩于人，于是心怀优越感，高高在上，不可一世。这种态度是很危险的。如果以帮助别人换取对方的恩情，会让对方在感情上形成负担，不利于人际关系的巩固。不必担心帮助别人或者为别人做了好事而不被发现，做好事不张扬，这种谦虚低调的做人态度会赢得人心，反之因为对别人施予一点恩情就大肆宣扬的人，会让人敬而远之，以后也很难再让人有求于自己了。

最佳的施恩与受惠的平衡原则应该是，互相帮助是平等的，既不是单方的无止境的救援和付出，也不是心安理得地等待别人为自己付出，帮助别人才能获取别人的帮助，同时也要给他人帮助自己的机会。这样在互相帮助中，人际关系才能朝着良好的方向发展，彼此的感情也会更加亲密和深厚。

3. 女人要怀有感恩之心，不做忘恩负义的人

有的女人在痛苦的时候会想到朋友，一心希望得到朋友的帮助，但是当在朋友的帮助下渡过难关后，就把朋友的情意忘得一干二净，这也是不好的。这种"有事找人，无事无人"的态度，会让友谊渐渐地疏远。把朋友当作受伤后的拐杖，自己伤势复原后就扔掉拐杖，这样的忘恩的女人大多会被抛弃。

　　其实，人们在一起共事时，在彼此互相帮助的过程中，共同的命运和情意已经把彼此联系在一起，通过互相支持、互相帮助、互相关照，心心相印的共同言行，必然转化为深厚的感情，铭刻在各自的记忆中，不管日后分散天南海北，做什么工作，也不会忘记有恩于自己的人。

　　4. 女人表达同情不如给予实际的帮助

　　对身处困境中的人仅仅有同情之心是不够的，应给予具体的帮助，使其渡过难关，这种雪中送炭、分忧解难的行为最易引起对方的感激之情，进而形成友情。

尊重他人也是尊重自己

　　女人如果能够懂得在社交中如何欣赏、尊重他人，处理好人际关系，就会带来无尽的好处和机会。因为你能真心尊重和欣赏别人，你便会去学习别人的优点，克服自己的弱点，使自己不断完善和进步。

　　一个懂得用欣赏人、尊重人、处理人际关系的女人会过得很愉快，别人也会同样地欣赏和尊重她。在团队中，做到欣赏和尊重别人，那么整个团队也将会是一个关系融洽的大家庭，这个团队的凝聚力也会提高。

　　几乎所有的女人都懂得处理好人际关系的重要性，但尽管如此，大多数女人都不知道怎样才能处理好人际关系，甚至相当多的人错误地认为拍马屁、讲奉承话、请客送礼，才能处理好人际关系。其实，处理人际关系的诀窍在于你必须有开放的人格，能真正地去欣赏他人和尊重他人。

女人要学会从内心深处去尊重他人，首先必须能客观地评价他人，能看到别人的优点，你会发现你的亲人、朋友、同事、上司或下属身上都有令你佩服、值得你尊重的闪光之处。发自内心地去欣赏和赞美他们，在行为上以他们的优点为榜样去模仿，你就达到了处理人际关系的最高境界。换个角度想，若有人对你有发自内心深处的毫不虚假的欣赏和尊重，你肯定会由衷地喜欢他们并与他们真诚相待。

不能否认的是，人都有一个共同的弱点，就是希望别人欣赏自己、尊重自己，这一点在女人身上尤其明显。比如，我们买了漂亮衣服，满心欢喜地穿出去，总是希望别人交口称赞，如果没有得到称赞就会郁郁寡欢。身边的人都有值得我们学习、借鉴的地方。我们不能因为别人有一点比自己差就去否定别人，而是应该因为别人有一些比自己强的优点而去欣赏和尊重对方，肯定对方。

与上司、同事、下属相处时，若你能客观地发掘别人的优点，学会真诚地尊重和欣赏别人，你的人际关系便如鱼得水了。

人类个体千差万别，世界也正是因此而丰富多彩。由于每个人的先天禀赋及后天经历不同，使得每个人的个性都很不一样。所以，女人要与人和睦相处，就要尊重别人的性格和个性。有的人急躁，有的人沉稳；有的人热情开朗爱热闹，有的人冷漠好静喜独处；有的人精明强干工于心计，有的人质朴厚道大大咧咧；有的人率真明快，有的人则深藏不露，等等。每个人的个性没有优劣之分，这就决定了在交际中不能用一种标准来要求所有的人，尊重他人的性格特征是人际交往中最基本的准则。

但是，很多女人在人际交往中，不愿意体谅对方的个性特征，只是从主观愿望出发，认为自己所喜爱的别人也喜爱，自己所厌恶的别人也厌恶，因此总是与别人发生矛盾和冲突，致使感情不和。面对多样性的个性，在人与人的交往过程中也必须采用多样性的方法和手段，尊重别人就要从尊重个性开始。

女人要学会从内心深处去尊重他人，能客观地评价他人，看到别人的优点，你会发现你的亲人、朋友、同事、上司或下属身上都有令人佩服、值得尊重的闪光之处。发自内心地去尊重和欣赏他人，就达到了处理人际关系的最高境界。

女人如果能够懂得在社交中如何欣赏、尊重他人，处理好人际关系就会带来无尽的好处和机会。比如不用花费金钱去请客送礼，不用伪装自己去浪费感情；不必担心当面奉承背后忍不住发牢骚而露馅，不必担心讲假话，提心吊胆，食寐不安。因为能真心尊重和欣赏别人，便会去学习别人的优点克服自己的弱点，使自己不断完善和进步。

所以，一个懂得用欣赏人、尊重人处理人际关系的女人会过得很愉快，别人也会同样地欣赏和尊重她，而一个提倡欣赏人和尊重人的团队也将会是一个关系融洽的大家庭，团队中的每一位成员都能欣赏和尊重别人，每一位成员也受到别人的欣赏和尊重，那每一位成员都会心情舒畅，最后这个团队的凝聚力会提高。

说话是一门艺术

不同的对象，对同一句话会产生不同或截然相反的反映。

许多男人败在了女人的石榴裙下，但女人很少是依靠力量，至少99%以上依靠的还是以柔克刚的智慧，而温言软语就是以退为进的一种战术。

一天，正忙着写程序的小于接到妻子的电话。因为他的手机扬声器开着，办公室里的每个同事都可以清清楚楚地听到他和妻子的对话。

小于十分不耐烦地说："什么事情？我正在工作！"电话那边娇滴滴地回答说："你中午回家买菜哦，我想吃青椒炒鱿鱼了。"

小于一回头，见大家都盯着他，便故意耍些大丈夫威风："中午我不回家了！朋友约我出去喝酒！"

电话那头的声音依然是娇滴滴、软绵绵的："你不回家啊，那我一个人怎么吃饭啊？"小于这才犹豫了一下，说："好吧，我还是回去给你做饭吧。"

一屋子的女人都瞪圆了眼睛，七嘴八舌地议论小于的妻子有福气。小于说："就是有福气。我天天在家给她洗衣服、做饭……"

倘若厉声厉气，想必故事里的小于肯定不会屈服。正是女人那几句温言软语，拨动了男人心底那根柔软的弦，所以才赢得丈夫的宠爱。正像一位诗人所说的，"女性向男性'进攻'，温柔常常是最有效的常规武器"。

能俘获男人心的都是细语柔声、甜言蜜语。最受男人欢迎的女人的声音是温顺、轻柔的。聪明女人会在悦耳的声音中注入精彩的人性，让声音形成迷人的风景。

男人纵然是钢筋铁骨，听到了女人的柔声细语，也许仅仅只是一声低唤，一阵呢喃……就会心甘情愿地拱手让出自己的城池，醉倒在女人温柔的声音里，不愿醒来。

在舞台上和电影里，低沉的女声只有两种：一种是农妇，声音粗犷而噪杂；一种是美女蛇，声音甜蜜而沙哑。二十世纪四五十年代，银幕上的玛丽·黛德丽与劳伦·巴考尔低沉沙哑、果断又婉转的语调，让男人们爱恨交加、魂不守舍，一时成为女士们争相模仿的对象。

现实生活中，当精明干练的"男人婆"充斥在男人周围的时候，男人们振臂高呼：我们要女人味十足的女人！什么是女人味？有男人说，话语温柔的女人才有女人味。

说话要讲求得体，要适时、适情、适势、适机，一切以适度、恰当为原则。说话想要得体，就要看身份、看对象、看场合。

一位打扮时髦的白领小姐为购买一件时装而迟疑不决时，一位年轻的女营业员忙上前说："这件衣服品味高雅，销路很好，今天早上就卖出好几件。"那位小姐听说后立即走了。

不一会儿，一位中年妇女来了，准备买一件新潮流行的马夹，那位服务员吸取了刚才的"教训"便说："这件马夹很气派，一般人穿着还压不住它，从进货到现在还没有卖出一件，看来只有你最适合了。"这位中年妇女听了也气呼呼地走了。

这位女营业员错就错在没有依说话的对象进行推销。时髦白领追求的是特立独行，当然不希望与人撞衫，而中年妇女更倾向于大众的选择。如果把上面所说的话置换一下，效果就不一样了。

要想在人际交往中左右逢源，就要学会见什么人说什么话，《红楼梦》里的王熙凤就是其一。

《红楼梦》第三回中，林黛玉离父进京城，小心翼翼初登荣国府时，王熙凤的几段话就展现了她"会说话"的超凡才能。

先是人未到话先行："我来迟了，不曾迎接远客！"尚未出场，就给人以热情似火的感觉。随后拉过黛玉的手，上下细细打量了一回，仍送至贾母身边坐下，笑着说："天下竟有这样标致的人物，我今儿算见了！况且这通身的气派，竟不像老祖宗的外孙女儿，竟是个嫡亲的孙女儿，怨不得老祖宗天天口头心头一时不忘。只可怜我这妹妹这样命苦，怎么姑妈偏就去世了！"一席话，既让老祖宗悲中含喜，心里舒坦，又叫林妹妹情动于衷，感激涕零。

而当贾母半嗔半怪说不该再让她伤心时，王熙凤话头一转，又说："正是呢！我一见了妹妹，一心都在她身上了，又是喜欢，又是伤心，竟忘了老祖宗。该打，该打！"至此，她把初次见到林妹妹应有的又悲又喜又爱又怜的情绪，抒发表演得淋漓尽致。

生活中，每个人的心理特点、脾气秉性、语言习惯各不相同，这些因素决定了人们对语言信息的要求是不同的。所以，不能用统一的通用的标准语来与人交流，对不同的人群说什么话，因人而异是非常必要的，否则无异于"对牛弹琴"。

一般说来，因人而异要考虑以下几个方面：

性别差异。对男性采取直接较强有力的语言，对女性则采取温柔委婉的态度。

年龄差异。对于年轻人应采用煽动性强的语言，对中年人应讲明利害关系让其自己斟酌，对老年人要用商量的口吻以示尊重。

地域差异。正所谓一方水土养一方人，一方人有一方人独特的性情特点。对于北方人可采用粗犷直率的态度，而对于南方人则要细腻得多。

职业差距。与不同职业的人交往，要针对对方职业特点，运用与对方掌握的专业知识关联较紧密的语言，增强对方对你的信任度。

文化差异。对文化程度较低的人采用的语言要简洁，多使用一些具体的例子和数据。而对于文化程度较高的人，则要尽可能表达得专业。

总之，与不同的对象谈话，就要采用不同的谈话方式。或忠诚、坦白、知无不言、言无不尽，或朴实无华、直而不曲，或引经据典、纵横交错，或含蓄和文雅、谦虚好学。如此种种，储存千套策略才能在不同人群间应对自如。

放弃也是一种收获

一个人背着包袱走路总是很辛苦的，同样，如果心灵负重太多，就会影响对生活的心态，所以我们应该学会该放弃时就放弃。要知道生活中有得必有失，"失之东隅，收之桑榆""塞翁失马，焉知非福"，放弃也是一种收获。适当地有所放弃，才能获得内心平衡和更多快乐。

我们的心灵有着太多的负重，有得就有失。然而，倘若你紧紧抓住失去不放，得到就永远也不会到来。放下失败，抓住成功，就可以让生命重放光彩。而这一切，需要你有一颗淡泊名利得失、笑看输赢成败的心。

有所失必有所得。女人要想生活得轻松快乐，就不能太过在乎得失，不斤斤计较。生活中，那些个性乐观的女人往往对得失的问题看得很淡。有时候，得与失是同时存在的。比如，心愿实现了，追求变少了；功名利禄得到了，沉思警醒失去了；幸福的婚姻得到了，爱情的光芒变淡了；虚荣增长了，灵魂贬值了。有时候，得失之间也能相互转化。比如，失去最爱，得到永恒的寄托；失去依赖，得到成长和成熟；失去憧憬，得到现实的选择。

因此，对得与失的认知看似平淡，却折射出一种对人生使命的思考。人的一生，就是得与失互相交织的一生。得中有失，失中有得，有所失才能有所得。

这个世界有太多的诱惑，有太多的欲望。作为女人，需要以清醒的心智和从容的步履走过岁月，需要一种淡泊的精神看待人生。虽然每个人都渴望成功，渴望生命能在有生之年划出优美的轨迹，但更多时候，生活呈现给我们的是一种平平淡淡的快乐，一份实实在在的成功和幸福。

乐观处世，心态平和，看淡得失，你的生活就会变得简单而快乐。在忙里偷闲的时刻，与爱人、孩子一同去逛公园，体验亲近自然的乐趣；陪同恋人一起看电影，享受甜蜜的二人世界；约几个好友去野外田间进行一次露营或野炊，在快乐中让友谊亲密无间……这样的生活是平常的、简单的，也是最充实而知足的。所以，凡事不必太计较，得失顺其自然。那种为了一个出国名额而彻夜不眠，或者为了一次职位的晋升而寝食难安的人，是很少有满足感的。闲暇的时光享受轻松的愉悦，忙碌的生活体验充实的满足；岗位虽平凡，但能乐在其中；虽然身居斗室，但衣食自足；即便普通平凡，但也会为默默绽放的怡人芳香而感到骄傲。

生命如舟，人的一生载不动太多的物欲和奢求。而在放弃之后，你会发现人生更加轻松而坚强。

做一个坚强的、认真对待生活的人。这种潇洒并不代表你寡情，也不代表着你没有付出感情，而是一种成熟的人生态度。

许多人常常处于紧张之中，往往看不到自己手中的幸福，所以，把心态放轻松，珍惜拥有的，不苛求自己没有的，就会觉得幸福其实还是很多的。

1. 不沉浸在追忆中，因为往事已经成为过去

脆弱的女人当碰到坎坷时，很容易抚今追昔，沉湎于过去。一旦沉浸在对往事的追忆中，消极情绪也随之而来，变得爱抱怨、多愁善感。

心理学认为，喜欢回忆过去是一种心理压力的反映。当然，回忆的利

弊是因人而异的，有的人对往事的回忆所受的影响较小，而有的人则容易沉浸在追忆中难以自拔。但是无论是哪一种回忆袭来时，总会"别有一番滋味在心头"。比如曾经的辉煌会随着岁月的流逝而渐渐平淡，灰暗的昔日很可能会引发对现状的思考和产生悲观情绪，总之，美好的回忆或者难过的回忆，都会在心理上造成一种"失落的甜美"或是"尴尬的苦涩"。所以，少一些回忆往事，就会多一点轻松。

2. 事物都有两面性，不要只盯着坏的一面

任何事物都具有两面性，有利也有弊，有好的一面也有坏的一面，有利无弊或有弊无利都是不存在的。身为女人，应该学会在利弊之间取舍，凡事多看好的一面。趋利避害，"择其大舍其小"才是正确的选择。从长远看，虽然舍去暂时优越的"小利"，但很可能会获得潜在的有发展前途的"大利"。

如果在选择之前对利弊得失保持良好的心态，面对有利有弊的现实，就不会因失去而失落灰心，也不会因得到而狂妄得意。这样面对生活，心中肯定是坦荡的。

3. 不为错过而后悔

人们常常面对令人后悔的事情而内心纠结，许多事情做与不做都后悔；许多人遇到或错过都后悔；许多话说或不说都后悔；许多知识学或不学都后悔……喜欢后悔仿佛是与生俱来的。也正是因为有了各种后悔的经历，才使很多人或一蹶不振，或自暴自弃，或东山再起，或改写人生。每个人都不可避免地会心存遗憾，不可能让自己所做的每一件事都永远正确，不可能每一次都顺利地达到自己预期的目标。所以，我们才会做出那么多的错事，走了那么多的弯路。做错事，走弯路，产生后悔情绪是很正常的，在后悔中可以自我反省，认识自己，认识世界。这种后悔被称为"积极的后悔"，它可以帮助我们在未来的人生之路上走得更好、更稳。反之，影响我们走向悲观心理的后悔被称为"消极的后悔"，它会让我们，一蹶不振，这种心理是要不得的。生活不可能重复过去的岁月，光阴似箭，来不及后悔。从过去的错误中吸取教训，在以后的生活中不要重蹈覆辙，才是最重要的。

4. 学会拿得起放得下

放弃是一种智慧。有选择就有放弃，学会放弃是一种生命的超脱。放弃，可以让你轻装前进，忘记旅途的疲惫和辛苦；可以让你摆脱烦恼忧愁，整个身心沉浸在悠闲和宁静中。

放下是一种觉悟，更是一种心灵的自由。提得起，放得下，想得开，才能收获快乐。

5. 做个豁达的女人

女人应该豁达一些，生活就会少一些烦恼。做到不因得意而忘形，不因骄傲而目空一切；不因失意而自暴自弃。人生得意时，要为人低调，学会珍惜和心怀感恩，保持清醒的头脑，不骄纵，不张扬，不轻浮；人生失意时，要热爱生活，振作精神，不必在意他人的冷嘲热讽。宠辱偕忘，笑看得失，才是豁达人生。

懂拒绝的女人才不会吃亏

幸福其实是一种心境，它和你拥有多少金钱，住着什么样的房子，开着什么样的车，是没有关系的。每个女孩都应该主动去选择自己喜欢的生活方式，包括你喜欢生活在什么样的城市，喜欢一周工作 5 天，每天工作 8 个小时，还是宁愿少赚一点儿钱，但是生活相对悠闲。如果你离不开家乡的几味小菜的话，就不应该出国去，每顿饭愁眉苦脸地吃西餐。

也许在很多大师眼中，坚持是一种征服的力量，一种精神，可是在芸芸众生，太多无谓的坚持有时只会给生活带来更多的麻烦。而学会对不适合自己的东西放手，就能有柳暗花明的妙处，起到四两拨千斤的作用。

但很多时候你内心的蠢蠢欲动都被你一直压抑着，也许你会安慰自己说：过段时间就不会有这种感觉了。可事情往往是，时间日复一日地逝去，你内心的渴望却越来越强烈。不要拖延了，拖延得越久你就越放不下现有的东西。

一个工作稳定的高收入女孩拒绝一切安逸生活，去实现自己的梦想，的确需要莫大的勇气。试想一下，谁会拒绝拿着死工资过安逸生活？谁会拒绝别人因为自己工资高而投来的羡慕眼光？如果拒绝这样的安逸生活，自己去闯荡，有可能就不再过得这么安逸了。

但人生就是这样，总是有许多矛盾的东西。一直想要的东西，几经周折拥有后，却发现它并非自己真正想要的；一直拥有的东西，几经思考拒绝后，才明白它就是那个你一直追寻的目标。有的东西很远，你却要努力想象成就在身边；有的东西很近，你却浑然不觉它的重要，一心想要逃离它的怀抱。

生活中，你不可能什么都得到，所以你应该学会拒绝。

学会拒绝，在落泪前转身离去，用泪水换来的东西是不牢靠的；学会拒绝，将昨天埋在心底，留下最美好的回忆；学会拒绝，让彼此都能有个更轻松的开始。既然你已尽力，却仍无法挽回，那么，你就应该学会拒绝。抓着不放，只会让你一味沉溺于回忆和痛苦中。一个女人倘若将一生中属于自己的和不属于自己的都背负在身，那么纵使她有一副铁骨，也会被压倒在地。放开手，让它随记忆的风逝去吧！你会发现另一片天地，芳草萋萋，花开正浓。

女人不要太单纯，需要学会拒绝，拒绝浪费精力的争吵，拒绝没完没了的解释，拒绝对权力的角逐，拒绝对金钱的贪婪，拒绝对虚名的争夺……凡是次要的、枝节的、多余的，都应拒绝。人生百态，以一颗成熟的心去品味生活，总会得到更多的惊喜！

"超女"尚雯婕毕业于复旦大学外语系，刚刚毕业的她就获得了令众多人羡慕的高薪职位。然而，她一直都没有忘记心中那个狂热的梦想——音乐，她的生命里不能没有音乐。

当"超级女声"的选拔拉开帷幕时，她毅然辞去高薪工作，全力以赴地投入到自己的追梦旅途。"超女"帮助她实现了长久以来的音乐梦想，虽然她不漂亮，也没有显赫的家世，但音乐让她活得比以前更加快乐和充实。

尚雯婕很早就明白，只有追寻内心最蠢蠢欲动的梦想，才能获得最大的自由。但是真正地去追逐，却是在她作为普通人在学业、职业上取得初步的成功之后。

同是"超女"的许飞则是拒绝了父母的呵护和家庭的庇佑，只身"北漂"，为了同样的音乐梦想拒绝了大多数女孩最珍视的东西。许飞是幸福的，因为她在没有太多需要顾虑的年龄时就毅然做出了选择。尚雯婕也是为了追逐梦想，拒绝了太多东西。她们都没有后悔，因为她们都获得了比之前更让自己心动的东西。

在不断赶路的过程中，你有没有想过，你终究想要什么样的生活呢？月薪 6000 元的工作能让你开心吗？ 100 多平方米的房子能让你有安全感吗？你对自己现在的生活打多少分？ 6 分？ 8 分？或者更多，甚至更少？当你对自己的生活方式不满意的时候，你想过改变吗？当大家都用尽全力向着大城市猛扎，都以不惜牺牲健康来换取高薪的时候，你有没有想过这是不是你想要的生活？

如果努力争取的东西与目标无关，或者目前拥有的东西已成为负累，或者劣势大于优势，那么还不如拒绝。当你拒绝了本不该属于你的东西，你可能会突然发现，你已经拥有了你曾争取过而又未得到的东西。"拒绝有时比争取更有意义"，这是由美国电话电报公司前总裁卡贝提出的卡贝定律。

这条定律告诉我们：在未学会拒绝之前，你将很难懂得什么是争取。女人应该懂得，适当的拒绝会让你收获更多。

口才是女人受欢迎的法宝

一般人认为只要哪个年轻女人天生丽质、长得漂亮，就有可能交上好运。其实，有些女人虽然外貌标致俊美，服饰更是新奇漂亮，但素养较差，语言浅陋，不仅当众说话毫无魅力可言，其外表的美貌也因此而丧失了光彩。而有些女人则是天生的社交高手，这不一定是因为出众的外貌，而是因为妙语连珠的好口才博得了满堂彩，也为自己增添了人格魅力。

好口才是女人的社交魅力的标签。每一处的言谈举止都体现着个人的素质以及品格。一个气质出众的女人不仅要有漂亮的妆容，还要有得体的言行，并能通过言行凸显自己的优点，才能成为社交场上的交际花。

在社会中生存是需要沟通、交流的，人与人之间交流思想，沟通感情最直接、最方便的途径就是语言。语言作为一门艺术，具有巨大的美感与魅力。它能缔造友情、密切亲情、寻觅伴侣、调和关系等，是人际交往中最不可缺少的工具，更是连接人们之间关系的纽带。语言运用的好坏，直接决定了人际关系的和谐与否，进而会影响到事业的发展以及人生的幸福。女人们若能拥有卓越的口才、懂得说话的技巧，不仅会拥有一个幸福的家庭，更会拥有美好的前程。

每个女人说话的效果千差万别，原因在于说话方法、说话能力的差异，也就是说话水平的高低。在今天这样的文明信息时代，探讨学问、接洽事务、交际应酬、传递情感等都离不开口才。要想成为一个受欢迎的女人，就得会说话、有口才。

成功的女人正是依靠出众的口才而被朋友尊敬，被社会认同，被上司青睐和被下属拥戴的。拥有好口才的女人能就众人熟知的事物提出独到的观点；有广阔的视野，谈论的题材超越自身生活的范畴；充满热情，使人对其所提出的话题感到兴趣盎然；有自己的说话风格……

口才是一个女人的知识、气质、性格乃至思想观念的综合方面的反映。

而这些特质，是可以通过后天的训练得来的。只要肯下功夫练习，每个女人都可以成为口才大师、说话高手。一个女人必须不断地加强自身修养，同时拓展眼界和知识，才能进一步使口才成为事业腾飞的羽翼。

社交场上的成功女性，必定会在言谈中闪烁着真知灼见，给人以深邃、精辟、睿智之感，也会给自身带来更多的利益和机遇。

有口才的女人才能充分展现自己的才华，才能更好地生存和发展。那么怎样练就好口才呢？

1. 要讲谈吐礼仪

谈吐礼仪要求女人在讲话时要用有魅力的声音，给人以美的享受。要使自己说话的声音充满魅力，这需要每天不断地练习。首先在与人谈话时，音量要大小适中，语调柔和，避免粗厉尖硬的语气。其次讲话速度要快慢适中，给她人留下稳健的印象，也给自己留下思考的余地。

注意音调的高低起伏、抑扬顿挫，可以增强讲话效果。在说话时要吐字清晰，声音响亮圆润，避免含糊其词和咬舌的习惯。练习让自己的嗓音更甜美、更标准，自然地表达丰富的思想感情。

2. 谈吐文雅

谈话文明礼貌的基本原则是尊重对方和自我谦让。谈话中要给对方认真、和蔼、诚恳的印象，如果心不在焉就是失礼，会引起别人的反感。

在谈话中不要流露出对别人的轻视和傲慢的姿态，即使自己比别人有优越的方面。只有由衷地真诚地对人尊重，才能在语气上表现出恭敬之情。只有用语言表达相互尊重，才会更好地与人和睦相处。

3. 多使用礼貌用语

谈话中对他人多使用敬语、敬辞，对自己用谦语谦词，会分外显得有礼貌、有修养。比如，在待人接物中，可以多说"请""谢谢""慢走""您好"等礼貌用语。

在不同的场合以及不同的人面前应正确运用礼貌用语。如在陌生人、长者、上级与朋友、熟人面前，讲话时的神态表情、声调、措辞等都要有所不同，恰当地运用会给人们的交往带来方便。陌生人初次相识，说声："您好，认识您很高兴。"彼此关系能很快融洽起来。日常的问候也有助于增进人与人之间的感情。

第九章

爱情不是依附，而是各自独立

　　《北京遇上西雅图》里有这样一句经典台词："唯有你愿意去相信，才能得到你想要相信的。对的人终究会遇上，只要让自己足够美好。努力让自己独立坚强，这样才能有底气告诉我爱的人，我爱他。爱情不是依附，而是各自独立坚强，然后努力走到一起。"这句话是对爱情最本质的阐述。

你若独立，爱情自来

你若独立，爱情自来。爱情不是依附，爱情是各自坚强独立，再努力走到一起。当你独立使自己变得强大时，爱情就会有可能随时降临到你的身上。女人的独立不是在嘴边，而是在行动上。只有让自己独立，才能拥有真正属于自己的自由。聪明的女人都知道让自己不依附于任何人。女人越独立，男人越爱你。

当女人和男人一样能独当一面的时候，女人就已经不再是那个传统女人，她们有自己的生活，也有充分享受生活的权利。当一个女人把男人和爱情抛开，去享受自己生活的时候，一切都是那么的美。

在一些商厦附近设的茶座、餐厅里，常常可以看到类似明丽的景象：临窗的座位上，几位白领女人一边惬意地喝着茶、吃着食物，一边大讲办公室的趣闻，或者悄谈闺中秘事，她们面庞生动灿烂，笑语清脆爽朗，在轻松、无拘无束的氛围中，女人的思想得到了充分的绽放。

这样从内而外的独立才能生活得更好，这样的女人也会更受男人的欢迎，到最后才能迎来美好的爱情。就算没有好结果，独立的女性也不会过于计算代价和谁付出的多。

她们并不排除传统意义上的爱情和家庭，但又很注重自身的独立和自由。对女人而言，友谊大都是轻松惬意的，不像爱情，虽然甜蜜却也充满了伤痛和折磨。

对承担着巨大的工作压力的美女们而言，和朋友聚会时最需要的是完全彻底的放松，而不是悲悲戚戚、纠纠缠缠的情感瓜葛，这无疑只能加重她们的心理负担。与其在工作、爱情的双重折磨下心力交瘁，还不如和自己所信任的同性朋友交往来得轻松自在。

女人有时候觉得女朋友比男朋友更为重要，理由是和男朋友会吵架、会分手，可是女朋友永远可以依赖、可以信任，最苦闷的时候可以与她倾诉，最甜蜜的时候可以与她分享。紧张的生活使工作在格子间里的女人更渴望感情交流，而同性朋友是唯一乐于与之分享情感经历和生活细节的人。

那么，究竟怎样做才能成为一个独立的女人呢？

1.社交群落与社交方式多元化

当女人进入广阔的社交网络时，便可以从异性或同性朋友那里获得更多温暖的情谊，这使她们更有力量面对不稳定的婚姻关系。

2.提高个人生活的技能

女人要具备面对各种生活处境的能力，能够独自承担生活中的一切挑战。许多通常被定义为男人的家务事，女人应该学会自己承担。因为家务事的性别分工本不存在自然的原因，而完全是社会性别的约定俗成。女人其实在做事情的时候不比男人差。如果有一些活实在干不了，也可以打个电话，找专业人员处理，这样自己就会轻松很多。

3.创造独立、自主、自强的人生

女人只有真正做到经济独立，真正在社会生活及个人生活中具备与男人相等的地位，才有可能平静地面对风雨飘摇的婚姻，甚至有能力拒绝婚姻。

4．抛弃依赖男人的思想

女人长期以来被灌输了依赖男人的思想，其中包括精神上的依赖与生活上的依赖。婚姻被旧式女人视为找到一个"依靠"，作为一个新时代的女人应该坚信：最可靠的还是自己。

5．不再视婚姻为人生成败的指标

过去，婚姻一度是衡量女人成败的最重要指标。但今天，婚姻不再是衡量女人价值的重要指标，也不再是女人的唯一寄托。但女人依然对婚姻有一份向往。在拥有幸福的婚姻之前，女人自己也可以活得幸福和快乐。

转变观念，相信做到以上五点，爱情会自来，你也一定可以成功俘获王子的心，也会越过越幸福的。

恋爱中的女孩更要保持自我

很多女孩子，在谈恋爱时总会把最好的留给男人，自己用舍不得，给男人用就很大方；自己的一切安排都围绕男人转，男人就是天，就是生命中的一切——她们总会舍弃自己的权利去保证男人的需求。

肯定会有越来越多在爱情中受伤的女人提出这样的疑问：为什么自己付出得越多，反而越拴不住男人？

其实答案很显然，只是被爱遮住双眼的女人没有意识到：一厢情愿地付出，不仅会让你迷失在恋爱的虚幻里，更多时候，看似全心全意的付出，还会变成无形的压力。当对方不能承受这负担的时候，自然就会选择离你而去。

而且很多时候，我们在为了爱情不断牺牲的过程中，渐渐地失去了自我。粉身碎骨之后，变成一个守着爱情的平庸之辈，沉浸在爱情的患得患失中不能自拔。一味地以自己的付出来成就恋人，而忘记了善待自己。当你失去了原本拥有的独立自信的光彩后，爱情也会随之离你而去。

女孩不要因为付出，而让自己没了底气。你爱他，更要爱自己。这样别人就容易看到你的魅力，会称赞你，你会从这些赞扬中得到更多的自信，你也就会活得越发光彩，永远保持对生活的热情。这是个良性循环。

不要再说"我爱你胜过爱自己"之类的傻话。更不要认为爱就是大无畏的"付出"。女人的智慧在于对他永远存在吸引力，这种吸引力不是来自付出，而是源自对自己的重视和爱。

亦舒曾说过："要牺牲太多的爱情也就不是真的爱情。视她如一个在晨曦中消逝的梦好了。"

想要拴住男人，恋爱中的女人更应该保持理智和自我，即使义无反顾地爱上了一个人，也要时刻谨记不是付出越多，就越能拴住男人的道理。否则，他必然会习惯于你的纵容，无视你的付出，甚至开始轻视你、不尊重你、怠慢你。到那时，他离开你，恐怕就是无可挽回的定局了。

女人千万不要爱一个人爱得浑然忘却自我，那样全身心的爱只应该出现在小说里，这个社会越来越不欢迎不顾一切的爱。虽然爱情需要付出，但一定要有度。尤其是女人，妄想用付出来拴住男人的心，结果得到的只能是离弃和伤害。希望女孩们都能明白，只有理智的恋爱，适当地付出和索取，永保独立和自信才是拥有美好爱情的秘诀。

　　在女人的一生中，有着大大小小的梦想，有趣的是，这其中许多梦想都与男人有关。十来岁的女生时常梦想遇见一个优秀帅气的学长，在关键时刻，他会义无反顾地帮助自己，呵护自己。二十几岁的时候，年少的姑娘们又会梦想找到一个温柔多金、死心塌地的男友，最好能随叫随到，一切以女友为先。等到三十多岁以后，又会分为两种情况：若是已嫁为人妇的，则希望老公步步高升，可以让自己过上几天舒服日子；若是尚待字闺中，便会带着一颗极度恨嫁的心，希望天上掉下一个钻石王老五，突然手捧玫瑰向自己下跪求婚。

　　为了实现这样的美梦，许多女人挖空心思，每日都将自己打扮得光彩耀人，只为将最好的一面展现给一个"悦己"的男人。俗话说：每个女人都有追求梦想的权利，这样的梦想不能说是完全错误的，但若是每日尽心尽力，却依然得不到自己想要的生活，又该怎么办？又或者，在不懈的努力下，你终于幸运地遇见了心仪的男性，并得偿所愿和他步入了婚姻的殿堂，从此过着幸福快乐的日子。但这就是一个女人生活的终点？衣食无忧、家庭稳定、工作傲人，这样的女人就一定会快乐？就一定没有悲伤，没有任何缺憾？这样的人生看似无比完美，却似乎总觉得哪里不对。

　　人生，是一场早已定好起点和终点却没有拟定路线的长跑，若是在离终点还有极远距离的时候突然停下脚步驻足不前，那此后生命中的风景也会被定格在驻足前的那一刻。不知有多少人会对此好奇，如果继续向前行走又将会遇见一个怎样的自己？

　　对女人来说，冒险精神实在不是人生首选，这和女性特定的生理与心理有关。追求稳定和轻松并不算一种错误的人生态度，却容易挡住我们追求更好人生的脚步。一个女人只有不断挖掘自己的潜能，才能让人生变得更好。

习惯安逸，习惯将自己缩入壳中的女人，一直将自己牢牢保护起来，最终会失去独立的本领。对女人来说，独立实则是一种难能可贵的气质。怀有一颗独立的心，能让女人永远遇到更好的自己。

世上众多令人羡慕，被人赞叹的女人，大多没有姣好的容貌和完美的身段，也没有高贵的血统，有些人甚至看起来十分普通，没有一副聪慧的头脑，但这并不妨碍她们散发出特别的气质。这些女人一心追求独立，追求想要的生活，她们并不在意世人对自己一时的评论，而是不断修炼，不断将更加美好的状态呈现在世人面前。她们永远都在保持自我，无论途中遇见什么人，什么事，都绝不停下脚步。

所以，无论对现在的生活有多么满意，女人都不应放弃自己。对女人来说，每一次发现更优秀的自己，都是一次气质的升华，灵魂的修补。每天躺在床上，进入梦乡之前时，我们都应试着想想，是否还会有一个完全不同的自我没有被发现，我们又是否可以将现在的人生经营得更好。

爱一个人，就不要强迫他为你做任何事情

有这样一道针对男性的心理测试题："你和妻子被困山上，这时只剩下两个馒头，你们希望妻子把馒头全都让给你吃，还是希望妻子坚持和你一人吃一个？"

出乎意料的是，大部分的男人都选了后者。他们给出的理由是："如

果两个馒头都给我吃了，那后半截的路，岂不是要我背着她走吗？"看，时势不一样了，现在的男人都很务实，明白自己不可能承担起一切。特别是从恋爱走入婚姻之后，男人越来越希望女人会变得懂事、能干起来，温柔又体贴，而不是整天小情小爱地闹别扭。因此在恋爱交往之中，女人应该懂得适当的付出，过多的付出会让男人觉得责任重大，会觉得你在强迫他做事情。

暖暖已经结婚 3 年多了，像个孩子般地依赖着丈夫陈维。29 岁的她几乎没什么朋友，一下班就回家与陈维黏在一起，大到工作上碰到的难题，小到每天穿什么衣服，暖暖都要靠丈夫为自己拿主意。

有一次，陈维出差去了。暖暖晚上一个人在家，翻来覆去怎么也睡不着，总觉得丈夫不在，空荡荡的屋子里似乎有着什么可怕的东西躲在暗处。在不停的胡思乱想中，她终于睡着了，还做了个梦。梦中，她和陈维及几个好友外出，遇到了一处劫匪设置的关卡，凡是过卡都要留下买路钱。陈维和好友们走在前面，都平安地过去了，轮到她时却被袭击，最后奄奄一息地躺在地上，远远地看着丈夫头也不回地走了。暖暖顿时放声大哭了起来，哭着哭着就醒了。然后，她连忙给丈夫打起了电话。在远方睡得正香的陈维接起电话时，听到妻子因为半夜做了一个噩梦而在家里放声大哭时，既感到心疼又感到无奈。这样的妻子，叫他每次出差在外时如何能放得下心来呢？

从此之后，只要陈维出差在外面过夜，暖暖就坐卧不安，整天闷闷不乐甚至发脾气，晚上睡觉没有安全感。一接到陈维的电话，她就会在电话里大声地哭起来，一个劲地要丈夫快点回来。就这样，陈维出差不仅让暖暖有下地狱的感觉，对他自己来说，也是一种精神上的折磨。他不由得担心自己不在家时，暖暖会有什么三长两短。

除此以外，对丈夫的依赖也影响到了暖暖的工作。只要陈维不在身边，她就会六神无主，在单位里坐立不安，一心只想着早点下班，好快点回到丈夫的身边，这样的工作态度最终导致她失业了。由于无法自食其力，暖暖对丈夫的依赖也更加严重了。

渐渐地，在陈维的眼里，暖暖早已经变了，变得胆小怕事，不爱思考、不求上进，只贪图享乐，什么都要靠自己。人近中年的他觉得自己像一棵被紧紧缠绕着菟丝花的树，无法伸展，呼吸困难，随时有着窒息的危险。

在很多女人的心中，"恋"着你，就要"赖"着你，是自然而然、天经地义的事。她们自动放弃对生活的主宰权，在无意中失去自身最有吸引力的光芒，以爱为名不自觉地沦为男人的附属品，恐怕这就是多数女人的悲伤故事的起源。

男人宠爱自己的女人，但这并不意味着可以任其予取予求。在这个生存压力巨大的社会中，女人的自立、自强、自主才真正是与时代发展相顺应的优秀品质。过于依赖丈夫，没有体谅的任性，等最初的新鲜感一过，男人会发现这样的女人给自己带来了无数麻烦，他的热情就会逐渐消退，并把妻子看成一种负担，总有一天会将他逼走。

女人之所以向男人示弱，无非是想博得他在行动上或是语言上的怜爱，如果他已经有所表示了，那聪明的女人就要见好就收。若是得了甜头还不收手，继续胡搅蛮缠下去，一两次可能还会奏效，时间一长，他难免会认为你不讲理，难伺候，从而心生厌烦。所谓夫妻，不能单方面地依赖，只有在生活上、工作上和精神上相互扶持，才能保持两性关系的平衡。

女孩，要勇敢追求自己的爱情

男人和女人都渴望甜蜜的爱情，向往美妙的婚姻，憧憬幸福的未来。男人和女人都将婚恋看成是一生中的头等大事，寻寻觅觅，用心寻找一生的真爱和幸福。恋爱中的男女海誓山盟，难舍难分，感觉彼此是天造地设的一对，如同生活在世外桃源。

张爱玲有一句名言："人这一生有三个人，爱你的人，你爱的人和共同生活的人。如果这三个人是同一个人，你就是最幸福的。"

雅雅的发小是一个很勇敢的女孩子，她的每一段爱情都轰轰烈烈的，她总是说要么爱，要么不爱，爱就勇敢去追求。

雅雅很奇怪，她为什么那么勇敢，越挫越勇，这位发小每一次结束自己的感情都干净利落，每一次遇到喜欢的男孩子就去主动追求。她说："发现对的，就勇敢去爱，哪怕是头破血流也在所不惜，发现不对了，那就不要委屈自己了。"这是雅雅发小的人生信条。

后来雅雅的发小跟一个自己追到的男生恋爱了，并且很快结婚了。这位男生能够给她安全感。每当发小不高兴的时候，就找这位男生发牢骚，欺负他，时间长了，发小就发现了这位男生的好，于是就表白了。

正值青春年华，总要历经恋爱、觅偶，缔结美好、幸福的婚姻，这是人之常情。于是，在男女双方恋爱开始之前，总有一个追求与被追求的问题，不是对方向自己求爱，就是自己向对方求爱。

大多数女人以为男人一般比较喜欢温柔娴静的女人，事实上，对付男人要懂得分寸。其实这并不难，女人不要一味顺从，学会生气，学会吃醋，学会撒娇，学会野蛮。恋爱之道，一张一弛，做聪明恋爱的小美女，这样才能赢得完美健康的爱情。

在爱情里，女人要学着掌握主动权。怎样才可以让男友更爱你呢？首先美丽依旧是不变的致命招数。女人要让自己美丽，学会打扮，学会抓住男人的心。美丽不是单纯的外表，而是要从内到外的改造。

求爱，是打开爱情王国大门的金钥匙，是通往幸福玫瑰园的小径。求爱，是求爱者美好感情的流露，是人世间一种美的行为。求爱并不是一件丢脸的事情，更不是什么可耻的经历，任何人都有追求爱情幸福的权利。只是，在生活中，一些女孩面对自己心仪的男孩，总是"爱你在心口难开"。其实，面对自己心仪的男孩，女孩不妨从羞涩中跳出来，勇敢地去追求自己的幸福。

1. 为了爱情主动一点

如果女孩在面对恋爱表现出亲切大方的样子，对方不但不会用奇异的眼光看她，而且会觉得与这种亲切善良的姑娘交往，一定有享不尽的乐趣。因此，你不妨打开芳心，主动大胆地接近异性。

2. 施展魅力

有时，你会产生一些疑惑，男性选择女友的标准是什么呢？他们有什么特别的要求吗？事实上，每一个女性都有她独特的风姿和魅力，这不一定来自美丽的外表。或许你还没有发现自己迷人的地方，但是对方已经觉察到了，并深深地爱上了你。因此，你没有丝毫理由自惭形秽，你应坚定信心，根据自身的特点和长处，大胆地施展你的魅力。

3. 巧妙暗示

主动和一位陌生的男孩交谈也许你不太适应，这时你可以采用另外一种形式。这就是由你发出信息，作出暗示，对方得到你的暗示后，就会开始采取行动。举例来说，当你面对自己喜欢的小伙子时，你可以向他露出微笑。他可能感到莫名其妙，但很快就会反应过来，主动与你交谈，这样你就成功了。

4. 打消顾虑

当你遇到一位自己喜欢的男孩时，在没有开始的时候，你要是想"人家不一定喜欢我"，那可就真的失去了，这也会在很大程度上打击你的情绪，因为你自己送走了一个机会。

还有的女孩刚开始就想："如果被拒绝了，那该怎么办？"或者"如果他很冷淡，我如何是好？"其实没必要存在这些顾虑，每个人都会有"如果被拒绝，我该怎么办？"的心理，可是，这却是微不足道的事情。实际上，只要你勇敢地拨一次电话，事情就可能完全解决了，你也就从此摆脱了那种焦急如焚的心境。即使遭到拒绝，也没有什么大不了的事情，你只要战胜顾虑、羞涩的心情，就会体验到爱情是如此美妙。

在爱情的路上，我们都势均力敌

对于一个姑娘来说，她最终的生活，包括自己的爱情，都应该是自己奋斗来的，只有这样她才不会诚惶诚恐，害怕失去，才可以更加从容和坚定，因为她知道，此时此刻，在那个人身边的自己，不管在哪一个方面都能够和他相配。她并不害怕，因为她有信心抓住属于自己的一切。我们想要找一个对的人，就应该找和自己一样的。如果你想要找更好的人，那么首先要让自己成为一个更好的人。就算在感情里也没有什么捷径走。

感情里的事情，大都是情投意合，合则来，不合则去，人能够约束自己的是道德和责任，并不是感情。一段感情能不能持久和牢固，在很大程度上是两个人之间的博弈，那些势均力敌的人才能走到最后。

势均力敌不只是指身家、背景，更体现在两个人的性格、才学、兴趣和喜好上。

张学良不喜欢美貌端庄的于凤至，喜欢交际花赵四小姐，就是因为她性格泼辣外向，不拘小节，赵四小姐更符合他的审美。

曾经喜欢过陈浩如的蒋介石，在和宋美龄联姻之后，两个人携手走过了很多年，这就是因为被宋美龄的才华和风度迷住了，他将陈浩如抛之脑后。看蒋介石和宋美龄的照片，年华老去的蒋介石在优雅的宋美龄身边笑得像个孩子。所谓"执子之手，与子偕老"也就是这个样子吧。

钱钟书和杨绛之所以能够不离不弃，除了两个人的品行优良之外，最关键的是两个人家世相当，都是书香门第，门当户对，两个人在一起双方家长很欢喜，没有一个人反对。他们的才华也不相上下，钱钟书满腹经纶，杨绛精通外文且文字绝佳。最难得的是，他们两个人性格互补，钱钟书是一个孩子心性的人，对于世俗一概不通，而杨绛愿意照顾他，替他处理世事。最完美的结局也就是这样吧，门当户对，兴趣相投，有共同语言。

和徐志摩有关的三个女人，张幼仪对徐志摩感情最深，她大着肚子被徐志摩抛弃后活得依然潇洒，带着孩子，念了美国的学校，成为了女强人。但在徐志摩眼中，她依旧是一个木讷无趣的乡下妇人，他更加喜欢的是林徽因的温婉和陆小曼的妖娆。

大多时候，你以为你爱的人辜负了自己，其实是你的成长跟不上他的脚步罢了。很多时候，你对父母横加阻碍的爱情无奈，其实在父母眼中，你们的条件不般配罢了。也就是说，你们不在一个层面上，不能维持双方关系的平衡，感情能够起到的作用微乎其微，伤害也会更深。

总有一些姑娘做着灰姑娘的梦，希望有一天可以遇到自己的王子，一见钟情。但结果呢？一个出身贫寒的姑娘，就算能够遇见一个霸道总裁，到最后就可以过上好的生活吗？或许在这场恋爱里面，灰姑娘始终会害怕，她小心翼翼地生活，不敢哭，不敢闹，不敢纠缠，不敢发短信打电话，甚至当他有了另一个女人之后，会选择忍气吞声。之所以落得这样的后果，无非是因为在这场恋爱里，两个人并不是势均力敌。在一段不平等的关系里面，弱势的那一方，连表示不满的资格都没有。

张爱玲在《倾城之恋》中，用一座城市的覆没成全了范柳原和白流苏的爱情，这并不是张爱玲故意在玩什么倾国倾城的浪漫，而是因为在经历了家庭破落和人情世故之后，她更懂得，只有在国破家亡性命攸关之时，那些对范柳原和白流苏的各种偏见和世俗才会被这炮火声吓走。

有时候，并不是没有爱，它只不过没那么纯粹。

每一个姑娘都想成为灰姑娘，这个梦想狠狠地甩了无数个平凡的姑娘一个耳光：灰姑娘本身就是贵族，她的两个姐姐才是真正的一无所有。正是这个原因，她的美貌和智慧才吸引了王子，王子爱的不是她的衣服和水晶鞋，她的姐姐们永远没有机会。

圆满的爱情是势均力敌的，如果一个努力，一个跟随，时间久了，努力的一方会累。两个人不需要相同的起跑线，但要有共同前进的意识，还要有一样频率的步伐。共同努力的爱情才会圆满，才会长久。

姑娘，你的安全感是自己给的

每次听到痴心女子负心汉的故事，都会让人不自觉地想起《红楼梦》里贾母的一句话："这小姐必是通文知礼，无所不晓，竟是个绝代佳人。只一见了一个清俊的男人，不管是亲是友，便想起终身大事来，父母也忘了，书礼也忘了，鬼不成鬼，贼不成贼，哪一点儿是佳人？"这些痴心女子活生生地把自己吊在一棵歪脖子树上，以为那就是安全感，到后来发现，给予自己安全感的人一直伤害自己。其实，如果一个人想要安全感，那就自己给自己，因为这个世界上没有人比自己靠得住。

随着通信越来越发达，女人们接触优质男的机会也越来越多。然而物极必反，在这样的环境下，很多女人挑的眼花缭乱，长期折腾后的感觉是短路、疲倦，是麻木，是力不从心。在这种环境之中，女人更需要安全感，于是很多女人都在寻找安全感。

时尚美女陶陶是聚会女王，她男伴众多，隔三差五地换来换去。别以为她是花心，她只是没有办法让自己从一个人身上找到实实在在的安全感。每当发展到一定程度，新鲜劲一过去，感情深入不下去，她便兴味索然，然后便不了了之。她自己也很惶惑，不是她不愿付出真心，而是她一直觉得这个男人发现了自己的缺点，想要离自己而去，她想在被人抛弃她之前离开别人。

陶陶像蝴蝶一样，在男人堆里飞进飞出，却又感觉千人一面。即使有看得顺眼的男人，她也不愿意放纵自己投入进去爱，顶多在遇事不顺、心情苦闷的时候，把他约出来聊聊天、喝喝咖啡、吃顿饭罢了。因此每一位男友的离开，都不会激起她恋恋不舍的感觉，也就是难受几天罢了：第一天有些怅然所失，第二天有些闷闷不乐，第三天买回薯片、可乐大嚼大咽，到第四天，差不多就一切风平浪静了。

在别人看来，陶陶是一个乖巧玲珑的女人。虽然不时会出现让她有好感的男人，但她一旦确认对方并不值得全权托付，便会很小心地绕开"雷区"，让好感只停留在好感之上。她说："一点点的爱意，浅尝辄止，算是情感空虚时的填充物吧。人总有特别孤寂的时候，这样零打碎敲的感情依靠，也能带来某种安慰。我的年龄和阅历已经告诉我，如果爱有十分，那么最好控制自己只给出五分，这样可进可退才是安全的。"

举这个例子的用意绝不是要教大家不认真对待感情，玩弄感情，只是想告诉女人们，还是矜持一点吧，爱一个人，开始不要爱得那么多。等你发现他好到足够你去爱的时候，再去用心爱。一个能让你真正动心的人，一定是个时时刻刻都在为你着想的人，而不是无时无刻都在索取的人。一个女人想要安全感，在男人身上是很难找到的，因为人都是自私的，他不可能给予你百分之百的安全感，要想要百分之百的安全感，那就只有自己给自己。

女人要理智，无论你是美人鱼还是灰姑娘，首先你要给自己安全感，才有资格得到别人的爱。不要轻易相信他深情款款地握着你的手说"我爱你"，你要明白，这个"我爱你"往往是有保质期的，过了保质期就会感到强烈的不安。你必须在有限期前很好地使用。否则，食用过期的食品会拉肚子，纠缠于过期的感情则会为你以后的幸福留下阴影。因此，在一段爱情里，想要走下去，那就自己先给自己安全感。

那么女人怎么给自己安全感呢？首先要有强大的内心。强大的内心并不是别人给予的，而是女人通过成长和学习获得的，那些没有自信的女人也不会有安全感。其次，女人在经济上要强大。女人没有安全感很大的原因就是自己没有办法生存，如果离开了别人，自己连生活都没有保障，自然也就没有所谓的安全感了。最后，女人的安全感来自于自己不断的心理暗示。如果女人整天胡思乱想，自己的男人会出轨，那他肯定跑得比兔子还快。你要相信自己的魅力不会让自己的男人出轨，这种心理暗示也是很不容易练成的。但一旦练成，你也就天下无敌了。

要有奋不顾身的爱情，但更要爱自己

有人说，人这一辈子要有一次说走就走的旅行，还要有一次奋不顾身的爱情。可是，奋不顾身的爱情，就一定会有完美的结局吗？女人要有奋不顾身的爱情，但更要爱自己。

在那个大学生不能谈恋爱的年代，发生了这样一件事。

赵晓茹和杜军都是从山村走出来的大学生，他们能考上大学非常不容易。很快，俩人在大学校园里恋爱了。这在当时是绝对不被允许和接受的，于是两个人一直在打游击战般偷偷摸摸地进行着。

杜军生日的时候，晓茹把自己送给了他。当时，杜军信誓旦旦地说要一辈子对晓茹好，一辈子把她捧在手心里。晓茹觉得自己很幸福，她决定这辈子就认定他了。

一个月后，晓茹发现自己怀孕了。当她把这个消息告诉杜军的时候，杜军非常慌张。他让晓茹打掉孩子，晓茹觉得这是他俩爱情的结晶，她决定留下孩子。她觉得留下孩子，就留住了杜军的心。但是，事情并没有想象得那么简单。晓茹的肚子越来越大，这件事情还是被学校知道了。学校找晓茹谈话，让晓茹说出孩子的爸爸是谁，只要说出来，晓茹就能留校察看，如果不说，这种情况下只能退学。

晓茹找到杜军商量这件事的时候，杜军哭着跪在晓茹面前，他让晓茹千万不要把他说出来。他还保证晓茹退学以后他一定会好好学习，争取毕业后找到好的工作把晓茹接过来。晓茹就这样相信了他，带着还未出生的孩子和一卷行李回到了杜军的家乡。

孩子出生了。晓茹又成了山村里的妹子，她衣着简陋，整日蓬头垢面地带孩子，杜军放假回家的时候，俩人的话已经越来越少了。

杜军本来成绩就很优秀，毕业以后去了一家很好的单位工作，收入颇丰，衣着光鲜，混迹于各大高档会所。他在工作上非常勤奋，获得了去国外进修的机会，回来以后平步青云，成了企业的中层。

杜军的事业越做越好，跟晓茹的联系也越来越少。晓茹带着孩子来杜军单位找他，发现他和一个衣着得体时髦，画着精致妆容的女人关系很好。他们俩亲热地聊着什么，晓茹进来的时候，杜军怔了怔，连忙向同事们解释，这是他老家的姐姐，晓茹听到以后很伤心。可是她又能做什么呢？

那天晚上，杜军找到她和孩子，给了她一笔钱，让晓茹带着孩子回老家开始自己的新生活。他说，他们俩的世界已经完全不一样了，已经没有办法再在一起了。晓茹哭着求他不要抛弃她和孩子，她讲了好多自己这些年一个人带孩子的不容易。杜军冷冷地说，我们都已经回不去了，已经没有可能在一起。他让晓茹不要再来打扰他的生活。他告诉晓茹，他已经和那个画着精致妆容的女孩结婚了，那个女孩是老总的女儿。他让晓茹不要再来找他，说完头也不回地走了。

晓茹如果当初没有把自己送给杜军，没怀孕，她一定能顺利地大学毕业，以她的成绩也会有一份光鲜的工作。可是现在她还有什么呢？

女人可以有爱情，可以全心全意地去爱，也可以爱得死去活来，但是，一定不能丢了自己。要知道，爱人先爱己。只有爱自己的人才能值得别人爱。

身为女人，最不乐意听到那句老生常谈——爱情中的女人都是傻子。然而现实生活却经常让我不得不承认，女人们真的很容易在爱情面前失去理智！这仿佛是一个魔咒，几乎身边总有一些女性朋友哭诉："为什么啊？我对他那么好，为他付出了那么多，可是他最后还是要离开我？"

诉者梨花带雨，我见犹怜；听者却咬牙切齿，恨铁不成钢，此时若反问哭诉者，"你可不可以不要对他那么好呢？"

对方却像统一了口径一般，统统表示，"真的好难""我做不到""我爱他胜过了爱我自己"。

然而，一个不爱自己的人，她的爱建立在什么样的基石上，能有多少生命力？！

美国的克尔·琳达在《关于女人爱己的祝愿》一书中写道："许多女人总以为只有先爱别人才能得到幸福，其实这正是一生深陷痛苦的端点。实际上，只有先爱自己的女人，才能真正赢得别人给予的幸福。"

爱人要先爱己，只有爱自己的人才能值得别人爱。在你见他第一眼就怦然心动以后，别克制不住，急着勇往直前，一定要给自己留下足够的后退空间。千万不要把自己的所有都敞开给一个你并不是非常非常了解，甚至还没有对你付出一点儿真心的人。

爱情其实是两个人的战争，相比"全心"地投入，更需要"智慧"的参与。女人要信任自己有照顾自己人生快乐与幸福的能力，明白自己应对自己 100% 负责，不能轻易把自己人生快乐幸福的控制权交给别人。

每一个女人都是一道风景，都值得拥有一份属于自己的爱情和天空。但前提是你要建立自信，积极地自我成长，好好地规划自己的生涯，主宰好自己的人生。所以当你爱上一个男人的时候，先别任由爱意泛滥，要先问："我爱不爱自己？" 有时候等不到可以爱的人，暂时的孤单也是一种享受。

第十章

即便离婚，也要把自己修炼成女神

  总有部分思想极端的人，面对离婚的状况，无法把握自己的人生，或者性情大变，暴躁无比，不但影响了工作，也影响了和家人的相处；又或者暴饮暴食，自暴自弃，觉得活得没有意义，有了轻生的想法；更有甚者以死相逼，或者产生报复心理，最终导致两败俱伤。因为一个不爱自己的人而葬送了自己的人生，这是一种多么愚蠢的做法。

  为离婚而痛苦不堪的人必须学会自我调整，自我拯救。虽然爱情不在，可是还有亲情和友情的常伴；虽然这段婚姻失败，但是离开一棵树，你获得的则是整片森林；虽然他选择了离开你，可是你的意义、价值依然可以从工作、生活等很多方面去体现，你可以活得更好，不是为了做给那个离开你的人看，而是因为这是"你"的人生。

离婚，不要留离婚后遗症

离婚的伤害是刻骨铭心的，毕竟携手走过了一段岁月，纵是整日打打闹闹，也已深刻在彼此的记忆里。如何走过那段不堪回首的旅途，尽快从婚姻的阴影里走出来，关键在于你自己，你可以因此变得更痛苦，当然也可以变得更快乐。这取决于你的选择。

离婚有时是一种解脱，但在实际生活中，离婚的女人却往往长时间停留在离婚的状态中不能自拔，婚姻的噩梦并没有因为离婚的判决而结束，诸多的离婚"后遗症"仍然会纠缠着女人的心。一般来说，以下几种类型的女人容易产生离婚后遗症：

1. 容易抑郁的人

"我怎么会遇上这样的婚姻？这世上没有人比我更倒霉了。离婚后的那段时间，我觉得很悲哀，找不到生活的方向，对什么都提不起精神，每天除了上下班还是上下班。我的朋友们试图开导我，给我介绍新朋友，可我都没有兴趣。我想我不会再相信任何男人了，尤其是结过婚的男人。"

容易抑郁的人喜欢过分缜密的思考，无限制地扩大自己的问题，甚至觉得根本没有解决问题的办法，进而对生活失去信心。她们在离婚后，首先想到的是生或死的问题，而不是考虑接下来如何好好生活。

对这类人来说，正确认识婚姻可能出现的问题，远比找个新男友更重要，因为其后遗症的来源正是自己对婚姻认识的偏差。

2. 性格偏激的人

"看着他带着那个女人一起离开法院时，我真想冲上去杀了他们。我的下半辈子都被这两个人毁了，我不好过，他们也别想安宁！"

一旦遇到离婚问题，性格偏激的人便会经常诅咒前夫，还希望周围的人跟自己一样一起来恨他。由于性格上的偏激，她们做事常走极端，不是暴烈异常，就是孤僻冷漠。

这类人最容易患上离婚后遗症，一是持续时间较长，二是随时都有可能迸发。其实，这样做完全没有必要，解除不幸的婚姻应该是快乐而不是痛苦。表面上看，这样做是想让那个离开自己的负心人后悔，但其实是自己在后悔。不论是拿别人的错误惩罚自己，还是拿自己的错误来惩罚别人，最后痛苦的还是你自己。

3. 依赖性强的人

"我一直是一个依赖性很强的人，喜欢结婚后家里有男人做主。现在离婚了，事事都要我自己去解决，要我自己操心。说真的，要早知道是这样，还不如不离婚。"

依赖性强的女人，只习惯于被人照顾和安排．一旦离了婚，就不知道如何面对具体生活，进而后悔离婚。她们是对自己极端不自信的人，对任何事情都有极大的依赖性，喜欢借助他人的力量来帮助解决一切，没有能力去承受离婚后的独立生活。

这类人如果通过自己的努力，把这种依附于他人的思想转变为依靠自己，虽然过程有点苦，但熬过了这段时间就会发现，自己的能力有了很大的提升。其实一个人过，也可以活得很好。

4. 没有事业的人

"刚离婚的那会儿，我总是担心生活无以为继。我没有任何工作技能，也没有什么工作经验，还带着一个孩子，因为害怕生活压力，根本没有勇气去找工作。后来，我学习了缝纫，有了自己的家居装饰店，还有了固定的客户群。正是顾客对我手艺的赞美，让我有了信心和力量。现在回想起来，那段躲在家里不肯出门的时光真是太可笑了。"

有些女人一结婚就辞去了工作，做了全职太太。居家的那段时光里，她们耗去的不仅仅是青春，还把原有的那些知识和技能都忘掉了。一旦离婚，她们首先担心的就是生存问题。

用事业弥补离婚的创伤，是治疗离婚后遗症的最好方法之一。尤其是受到婚姻伤害的女性，更需要有自己的事业。这类女人要相信自己的能力，调整好心态，靠自己的智慧和双手重新站起来。

很多离婚的女人，尤其是被丈夫遗弃的女人，害怕再也没有人对自己感兴趣，会有种魅力与婚姻共亡的悲伤情绪。聪明的女人却不会这样，她们把离婚当成成长中的磨砺，当成重新发现和改变自己人生的契机。我们要学会走出离婚"后遗症"，这样在痛苦过后才会有快乐和幸福。为此，不妨试试下面的小处方：

（1）对自己的行为负责，绝不能破罐子破摔，更不能因为离婚而随便接受一个不负责任的男人。

"不要经常让头朝后看，它会使你怅然若失"。离婚女人要保持适当的自尊，不要因一次婚姻的失败而自卑，要在所有人面前表现出你的洒脱与高贵。要相信自己的价值，用积极的心态去争取新的机会，创造新的人生。

（2）有孩子的话，尽量带好孩子。

孩子是无辜的，是母亲永远的牵挂！离婚女人应尽自己最大的努力教育孩子、引导孩子、教孩子做人的道理，尽量使孩子少受来自家庭破碎的伤害。对得起孩子，便是对得起自己。要坚信，单身母亲也可以培养出优秀的孩子！

（3）着手做你喜欢做的事，找个生活的支撑点。

忙碌能让我们忘记痛苦，做自己喜欢做的事，可以把注意力转移，找朋友谈谈心，换个发型，买件新衣，出门做一次旅行，然后静下心来做自己一直想做而未能做的事。当婚姻失去的时候，我们不能再失去自我。婚姻不是生活的全部，人生有好多事情去做，把自己投入到其他更重要的事情中去。忙碌着、工作着不仅能提供足够我们生活的金钱，还能增加我们生存的信心，提升我们的个人魅力。

（4）寻求帮助，保持阳光的心态。

每个人都会遇到这样或那样不顺心的事情，人的一生不可能一帆风顺，问题是我们应该如何去面对，是勇敢地去面对现实，还是一味逃避。时间是修复心灵创伤的良药，离婚女人应多交朋友，多与人沟通，有了心理问题应当学会向朋友倾诉。一次婚姻的失败并不能说明什么，我们应该向前看，也许幸福就在前面。

聪明的女人不会为一杯已打翻在地的牛奶而终生哭泣！既然已经失去了很多，就不能再失去！我们要坚强，要果断，拿出勇气来开始新的生活，创造生命新的快乐，让目前快乐的生活战胜已往痛苦的回忆！

不要做一个怨妇，抱怨会毁掉你的婚姻

卡耐基在他的《人性的弱点》中说过：抱怨是爱情的坟墓。但是，很多女人并没有意识到这一点，甚至认为自己的抱怨是对他的爱，以为抱怨可以改变丈夫的缺点。

陶乐丝·狄克斯认为："一个男性的婚姻生活是否幸福和他太太的脾气性格息息相关。如果她脾气急躁又抱怨，还没完没了地挑剔，那么即便她拥有普天下的其他美德也都等于零。"

苏格拉底的妻子兰西波是出了名的悍妇，为了躲避她，苏格拉底大部分时间都躲在树下沉思哲理；法国皇帝拿破仑三世、美国总统亚伯拉罕·林肯都受尽了妻子的抱怨之苦；恺撒之所以和他的第二任妻子离婚，是因为他实在不能忍受她终日喋喋不休的抱怨……

许多男性生活中垂头丧气，没有斗志，就是因为他的妻子打击他的每一个想法和希望。她无休止地长吁短叹，为什么丈夫不像别的男人会赚钱？为什么丈夫不如别人那样体贴？为什么丈夫得不到一个好职位？拥有一位这样的妻子，做丈夫的实在有苦说不出。

王怡从大一的时候就和刘辉谈起了恋爱，大学毕业后一年，他们喜结连理。按说，他们结束了恋爱马拉松，走进婚姻，应该是幸福的一对。可

是，自打结婚以后，王怡的手中就拿起一把无形的尺子，只要见到丈夫就必须要量一量。丈夫洗衣服时，她会说："你看看，这领子，这袖口，你连衣服都洗不干净，还能干什么？"丈夫做饭，她会说："哎呀，做饭怎么不是咸就是淡，一点谱都没有，让人怎么吃呀？"丈夫做家务，她会说："怎么这么笨，地也擦不干净。"丈夫办事情，她更是牢骚满腹："看你，连话都不会说，让人怎么信任你呢？"诸如此类，家庭噪音不绝于耳。

刚开始的时候，刘辉常常是黑着脸不吱声，时间久了，他就开始和她顶嘴。他会说："嫌我洗衣服不干净，你自己洗。"然后把衣服往那一扔，摔门而走。他还会说："我做饭没谱，以后你做，我还懒得做呢。"有时候，他也会大发雷霆，和她大吵一通，然后两人好几天谁也不理谁。

两人和好后，王怡仍然改不了自己的习惯，仍然会在丈夫做事的时候抱怨不止，日子就这样在吵吵闹闹磕磕绊绊中过了几年。终于有一天，王怡又在抱怨丈夫碗洗得不干净时，他再也无法忍受，把所有的碗都摔在了地上，大声吼道："你烦不烦，看我不顺眼，干脆离婚算了，看谁顺眼跟谁过去。"

王怡万万没有想到刘辉会提到离婚两个字，她顿时泪如雨下："我说你还不是为了你好？换了别人我还懒得说呢！要离婚，好，现在就离！"结果，刘辉甩门而去。

后来，王怡在朋友的劝说下，明白了一个道理，那就是自己对丈夫不能太苛刻了。衣服有一件两件洗不干净是常有的事；丈夫不是大厨，偶尔盐放多放少更是小事一件；干家务活谁都可能出点儿纰漏；一个人偶尔说错一两句话也是在所难免。而自己不断地抱怨把这些常人都有的小毛病无限地放大，而且还养成了习惯。正是因为她对丈夫的挑剔，才使得丈夫与自己越来越远。

著名心理学家特曼博士对 1500 对夫妇作过详细调查。研究表明，在丈夫眼中，抱怨、挑剔是妻子最大的缺点。另外，盖洛普民意测验和詹森性情分析——两个著名的研究机构，它们的研究结果都是相同的，它们发现，抱怨、挑剔会给家庭生活带来巨大的伤害。

纽约的《世界电信》杂志某期刊登了一件杀人案，一个 50 多岁的卡车技工，雇佣了三名流氓残忍地杀害了自己的妻子。关于他的犯罪原因，据他自己宣称，仅仅是因为他的妻子一直不停地抱怨。

在烧毁爱情的一切烈火中，吵闹是最可怕的一种，就像被毒蛇咬到，绝无生还之望。你是不是一个爱抱怨的女人呢？问问你的丈夫吧。如果他的答案是肯定的，那么请你理智地对待，为了你们的爱情和婚姻，想办法让自己远离抱怨，学会倾听。

港姐出道的蔡少芬，完美的外表不可方物，聪颖伶俐的特质及超高的演技也让她在娱乐圈独树一帜。她参演的《妙手仁心》《法本无情》《创世纪》等影视作品深入人心。

2008 年，蔡少芬与"极品"张晋牵手步入婚姻殿堂。蔡少芬无论从名气还是从收入上都胜过张晋，因此当时媒体并不看好二人的结合。事实胜于一切，目前二人结婚已经多年，相处时仍十指紧扣甜蜜不减。

谈起对婚姻的感受，蔡少芬说："结婚是人生另一个阶段，我很享受做老婆，虽然还有很多事情要学习，但也还算称职，大家都在适应中，我会要求自己为对方改变，而不是要对方为自己去改变。拍拖时很甜蜜，结了婚就不能回头了，婚姻是上帝赐给人类的礼物，这份幸福应该好好去享受。"

夫妻相处是一门学问，蔡少芬说，两个人相处一定会有争吵，如果不解决就好像沉郁的天气一样很难受，出现问题应该及时说出自己的感受。蔡少芬能说爱说，很多时候只有她说的份，婚后她学会在适当时候闭嘴，静下来倾听对方的感受，她明白吵架不会是一个人的错，两个人才吵得起来。

不愉快的事情是最容易让女人抱怨的，她们总是不厌其烦地诉说着自己的不快和郁闷。当你的丈夫心情也不好的时候，就不要在他面前抱怨个没完，那样只会引来争吵。想办法控制自己的情绪，或者把坏情绪通过另外的途径排解出去，等到双方都冷静下来时，再把事情拿出来仔细讨论，讨论的时候应该心平气和，保持理智，不能使用过激的语言。

有人说"男人"就是"难人"，因为他们承受的压力大，又不能像女人一样想哭就哭想发泄就发泄。如果回到家里还要忍受妻子无休止的抱怨，迟早有一天他们会爆发。聪明的女人应学会倾听丈夫的心声，给他一个释放心理压力的机会，做一个他心灵上能够依赖的完美太太。

有胸怀的女人更精彩

有一个姑娘叫小月，和丈夫结婚不久，丈夫就出轨了，她很伤心，于是决定离婚。

刚开始的时候，小月很恨这个男人，因为他的出轨，自己成为了不得不离婚的大龄剩女。这个时候，她决定把他拉进黑名单，老死不相往来。

　　但过了一段时间之后，小月仔细想了想，这个人除了在感情上给了自己伤害，但在其他地方给了自己无微不至的关怀，还对她的父母很照顾，在事业上，他也给了她很多帮助。不管是精神上还是资金支持。除了感情上的不忠诚之外，这个人哪里都很好。于是，她表现出了女人大度的一面，继续跟前夫做朋友。

　　后来，前夫在她的生活中发挥了很重要的作用。有一次，小月在生活上遇到了困难，父母生病了，需要很多钱，而小月的公司已经很长时间没有发工资了，前夫知道之后，就立马给她打了几十万，而且没有借条，只是因为彼此信任。

　　后来，小月和前夫成为了彼此事业上的贵人。小月给前夫介绍项目，前夫给小月刚刚创立的公司免费当顾问，这让小月少走了很多弯路。

　　俗话说，宰相肚子里能撑船。作为一个男人，心胸广阔，胸怀大度，这是必须做的。作为一个女人，其实也需要心胸广阔。胸怀大度的女人，可以少一些敌人，多一些合作伙伴和朋友。从这个角度来看，她的舞台大了很多。

　　"看到你过得不好，我就放心了。"这是赵强经常听前妻小华说的话。他已经跟小华离婚两年了，但小华没有停止纠缠过他，这让赵强觉得小华是一个很没修养和气度的女人。刚开始离婚的时候，赵强还对小华很疼爱，觉得小华一个人在这么大的城市中生存很不容易，就算是离婚了，赵强还是愿意帮助她。可是现在，赵强想到小华只剩下烦和害怕。而小华没有察觉到自己的问题，甚至不知道她伤害不了赵强，只能让自己更加没有自尊。

因为赵强的现任女友是一个很大度的人，并没有在意小华的恶言恶语。小华在朋友圈直言说赵强的现任女友这里不好，那里不好，赵强看到了本来想找她理论，但被现任女友阻拦了，她说："不用太在意，我不在意她，我只在意你。"这么一对比，赵强觉得现任更好了。赵强也觉得小华已经完全没有自尊和底线了。

很多女孩在分手之后都有一些不甘心，这个不甘心就是没有胸怀的表现。有的女孩看到前夫或者是前男友过得比自己好就会心生怨恨。有一句话说"百年修得同船渡，千年修得共枕眠"，并不是结婚了就能一直走下去，就算是缘分很浅，也算是相爱一场，分开了还纠缠不断，只会伤了曾经的情分和自己的自尊。

"我能一掷决生死，又能一笑泯恩仇。"这就是大气的女人，也是大度的女人。这样的女人，因为有东风可借，没有感情的包袱，注定她会走得更远。一个女人的胸怀有多大，她的舞台就有多大。

有好的婚姻的人都是怎样的人

很多老婆习惯性地对丈夫泼冷水，用带着不屑的鼻音说："你会成功？哼！你能成功，我看连猪都会上树了。"说这种话的无知妻子，必然会使两个人的关系更加恶劣。

真正爱老公的女人，会用赞美来代替批评和责骂，做老公的贤内助。

"每个男人内心都住着两个灵魂，"美国一位两性专栏作家曾说："一个是现实上、现在的他，真正的自己；另一个则是理想中的自己。"然而，只有聪明有智慧的女人，才能将这两个灵魂合而为一。

没有一个男人不希望成功。如果一个男人天生羞怯、内向，他需要的就是更勇敢些；如果他没有拓展人脉的自信，他需要的就是被人肯定；如果他缺乏信心，他就渴望成为毫不惧怕的人。

身为妻子的最大职责，就是帮助丈夫成为他理想中的那个人。要做到这一点，需要相当的智慧，不要挑剔他，也不要拿他来和隔壁的某某人相比，也不要使他工作过量、加重他的压力，而是应该温柔地鼓励他、赞赏他，给他加油打气。

当男人受到妻子的赞美，当他们听到妻子说"真了不起，我以你为荣，我真高兴我是你的老婆"的时候，几乎没有一个男人不会高兴得眉开眼笑。

许多成功的男人背后都有个有智慧的伟大女人，他们都可以证明这种说法的真实不虚。

美国有一位帕克斯先生是帕克斯货运公司的老板。他曾说过自己的故事：

我确信，一个男人不但可以成为他理想中的人，而且还可以成为他太太所期望的人。这些年来，我曾雇用过许多人，但是在我和他们的太太谈过话之前，我绝不会把一个需要信任或需要负责任的职位交给他。妻子的人生观，以及她是否愿意鼓舞她先生干劲的程度，可以决定一个男人在事业上的成败。

我自己的经验就是一个例子。我太太在嫁给我以前，要什么有什么，她的父母亲很有钱，她也受过良好的教育，有一个快乐的家。

我们婚后最初那几年艰难的日子里，当我面对失败与挫折而不想奋斗的时候，她的理解和不断的激励，始终是鼓舞我继续努力的动力。

在我的生命中，如果有了什么成功、值得夸耀的事，这全都是由于我太太不断给我支持的结果。过去几年来，她患了重病，但是她从来没有失去她的自信和快乐。即使生病了，她的第一个想法仍然是要帮助我。早晨，当我离家工作的时候，她从不会忘了问我："有没有什么事要我今天办好的？"当我晚上回家的时候，她会靠过来，想要听听我说这一天的情况。我天天都向上帝祷告，永远不要让她失望。

不幸的是，很多女人并不像帕克斯太太那样有智慧，很多女人一心只想要自己的丈夫去做超过他本身能力范围的事，成为她们想象中的那个人，而不照顾到丈夫的身心状态和心里的想法。这种女人总是渴望比某某人的家里更富有，想开新车子，穿更昂贵的名牌衣服，加入贵妇才能进去的俱乐部，最后她们的丈夫不得不放弃她们，因为他们永远没有办法满足她们的需要、欲望。

要想做好丈夫的贤内助，就永远不要对他说："你真没用！"

如果他真的很失败，他的老板会毫不迟疑地告诉他。但是在家里、在吃早餐的时候、在孩子们的面前，作妻子的你应该勉励他，认为他一定能够成功。对丈夫说"你无论如何也不会成功"这种话的老婆，只会使夫妻关系降至冰点。

　　不要不经思考就随便说一句话，一个女人说出一句经过明智思考的话，可以改变一个男人对自己的整个看法，使他变得更好，并使他对生命产生全新的看法，产生无穷的力量。

　　要让男人进步，并不是逼他、给他压力，而是激励和鼓舞他。

　　妻子应该怎样鼓励丈夫，使他成为他理想中的样子呢？事实上很简单，只要针对丈夫的特质和优点给他支持和赞赏就能让他施展出个人独特的才华。

　　如果丈夫需要建立信心，你可以指出他曾经做过的勇敢事迹来。例如："记得那一次，你告诉老板如何减少你部门中的浪费吗？那实在需要很大的勇气，你真了不起，你做到了啊！"

　　就算是最怯弱的男人，如果有个女人相信他是强大而且能干的话，他也会脱胎换骨的。更进一步地，他还会开始觉得，其实自己可以表现得更勇敢更有魄力，于是他就真的成功了。

　　艾礼·卡柏森是一个杰出的桥牌高手。有一次，卡柏森先生在访问中，说他刚到美国的时候，不论做什么事都以失败告终，他甚至觉得自己是个最差劲的桥牌手。但是当他娶了这位名叫约瑟芬·迪伦迷人的桥牌老师后，他的运气开始改变了。她说服他，使他相信自己是一个很有潜力的桥牌天才。在太太的鼓励下，他选择桥牌作为自己的终身职业。

　　真诚的赞美和激励值得女人尝试，而且一定能使男人发挥出潜藏在体内的最大能力的有效方法。只要给予真诚的赞美，相信你的丈夫一定会变得更优秀、更成功！

他离开你，并不代表你不够好

有一些人在失恋之后，就产生了强烈的自卑，认为觉得自己做得不够好才会导致分手。那么，为什么许多人会失恋呢？失恋了就代表自己不够好吗？

爱情自古就是一个永恒的话题，也是人类文明的一个重要领域。无数伟大的艺术作品都来自于对伟大爱情的憧憬。与爱情直接相关的便是婚姻、家庭和谐，婚姻幸福也是成功人生的重要体现。和谐的家庭生活为事业成功提供了有力的支持，那些成功人士的背后大多有一个默默无闻的伴侣的支持，才激励他们才走到今天的辉煌。所以，选择一个合适的伴侣对于人生可谓是意义重大。

对于爱情的选择表面上看是与一个人有关的，但是实际上却是双方共同协调才能顺利走下去的。爱你但与你无关的论调也不过是存在于网络语言中，在现实生活中一击即碎。爱情需要双方的共同认可，否则只能以失败告终。

失恋大多指陷入爱情中的两个人，由于某些原因，其中一人不再愿意与对方持续下去而将其抛弃的现象。不得不承认，失恋对于双方而言都是痛苦的，即使是对于提出分手的那个人而言，也是不好受的。任何一段感情的初衷都不是为了将来的决裂，所以最终走不到一起或许有很多客观因素在主导着。而很多悲观的人总因为一段恋情的失败而对自己的整个人生都画上了叉号，甚至有了殉情或者犯罪的倾向，这些都是极端且愚蠢的做法。一个人的存在价值或者意义，不应该完全通过另一个人的感情肯定而被肯定。爱情确实是人类生活中一个很重要的部分，但是绝对不是最重要的部分。你可以没有爱情而简单地生活一辈子，但是你不能因为没有吃穿住行而生活一辈子。生活的本质无非是吃穿住行，爱情不过是这些基本物质上的精神享受，有了它或许你的生活更加多彩，但是爱情不可强求，实在没有爱情这种佐料，生活依然可以过得有滋有味。

不可否认，失恋确实带给人很大的痛苦和烦恼，那种挫败感也许如同强力炸弹般让你短时间内承受不住。落花有意，流水无情，短期的痛苦和悲伤是可以理解的，但是如果一直沉湎于这种痛苦而无法自拔，那么就是非常不明智的了。天涯何处无芳草。既然感情不能勉强，何必不想开一点，给自己多一点空间，也给自己找另外一个幸福的机会。死抓住一根救命草不放，或许反而因此丢失了生命。

失恋是很多人都有过的经历，乐观者和悲观者处理的方式却截然不同。对于那些乐观的人而言，她们也曾痛苦，也曾悲伤，不过她们不会让这种情绪影响到生活的其他领域。虽然他已离去，可生活依然在继续，不是吗？如果因为丢失爱情，把工作也丢掉，人生也丢掉，自我也丢掉，那岂不是很愚蠢的做法吗？作为一个坚强的女人，即使被抛弃，即使眼中还有泪水，依然要对生活微笑。要相信自己，他离开了你，只是因为你们不合适而已，并不代表你不优秀。他的离开，是你的身边少了一个不爱你的人，而他的身边少了一个爱他的人，这绝对是他的损失。

然而，总有部分思想极端的人，面对失恋的状况，无法把握自己的人生，或者性情大变，暴躁无比，不但影响了工作，也影响了和家人的相处；又或者暴饮暴食，自暴自弃，觉得自己活得没有意义，有了轻生的想法；更有甚者以死相逼，或者产生报复心理，最终导致两败俱伤。想想看，因为一个不爱自己的人而葬送了自己的人生，这是一种多么愚蠢的做法。

为失恋而痛苦不堪的人必须学会自我调整，自我拯救。虽然爱情不在，可是还有亲情和友情的常伴；虽然这段爱情失败，但是离开一棵树，你获得的则是整片森林；虽然他选择了离开你，可是你的意义、价值依然可以从工作，生活等很多方面去体现，你可以活得更好，不是为了做给那个离开你的人看，而是因为这是"你"的人生。

做一个坚强的、认真对待生活的人。这种潇洒并不代表你寡情，也不代表着你没有付出感情，而是一种成熟的人生态度。流水本无意，何必强求？既然已经失去，为何不做一个潇洒的人，相信总有那么一汪清水愿意为你停留。

对于背叛我们感情的人，应该如何对待

佛家有句话：苦海无边，回头是岸。道理大家似乎都懂，可真正理解并付诸行动的却寥寥无几。

曾经有这样的一个故事：一个男孩和一个女孩做了一个小测验，说如果同时丢掉三样东西：钱包、钥匙和电话本，你最紧张哪一样？女孩毫不

犹豫地选择了电话本，而男孩则选择了钥匙。答案是，女孩是一个怀旧的人，男孩是一个现实的人。

后来他们分手了，女孩的确总是被过去纠缠得不得安宁，一段大学时代未果的爱情至今让她念念不忘，而爱情中的他早已为人夫、为人父。女孩的心停留在了过去，一直为当初未能坚持到底而悔恨。就在这种自责与留恋中，她错过了一个又一个不错的男孩。

这个男孩后来问她："还可以挽回吗？"女孩摇摇头。

男孩说："那为什么不放弃？"

她无奈地说："放弃不了。"

男孩想了想，说："其实是你不想放弃。"

生活总会有遗憾的。也正因为存在遗憾，我们对未来才有期待，期待未来能够弥补我们一个答案。正如那尊断臂的维纳斯雕像，它的残缺成就了它的流芳百世，反而让人觉得它是那样的美，充满了遐想的魅力。而这是人们从心里真正放弃了对它完美的追求换来的。外在的放弃可以让人接受教训，心里的放弃才能让人得到解脱。生活中的垃圾既然可以不皱一下眉头就轻易丢掉，情感上的垃圾又何必抱残守缺呢？

爱是无私的，同时也是自私的。什么时候该自私，什么时候该无私，自己心中应该有一个天平。雨果能够做到静观、坦然，是他明白自己已经放下了曾经的羁绊，从心底放开了，所以他收获了人生中第二份真诚的爱情。

往者不可谏，来者犹可追。已经消逝的就让它存留在记忆的最深处，把它当作人生历史书中的一页，潇洒地翻过去，继续前行，寻找自己人生中最美的香格里拉。

普希金说，一切都是暂时的，转瞬即逝。因此，在我们身处顺境时，要学会惜福与感恩；身处逆境时，要学会坚韧和等待，要相信逆境只是短暂的。告诉自己：这也会过去，一切都将会过去。

对于女人来说，尤其如此。生命宝贵、精力有限，不赶快从过去中走出，你的一生也就过去了。

经常看娱乐新闻的人会发现，很多明星会在分手后不断的恶意诋毁前任。有一些人离婚或者是分手，就会不断爆出前任的坏习惯。比如说薄情、出轨之类的，千方百计把对方塑造成一个负心汉。这样做也可能是因为受害的一方还想着前任会回头，没有想到的是这只会让前任越走越远，再也没有可能破镜重圆了。有的人却很聪明，从不在别人面前说自己的前任多不好，就算她是受伤害的一方，她也只是自己承受伤痛，之后不断地修炼自己，相信时间能够让人忘却所有。过了很长一段时间，再去回头看看，前任早就被自己甩了很远，这就是对待背叛自己的人最好的方式。

徐志摩的结发妻子张幼仪就是这样的人。当初徐志摩想尽办法去伤害她，不念及他日感情，也没有顾及张幼仪的身体。当他听说张幼仪怀孕之后，不仅没有体贴她、照顾她，还让她把孩子打掉。张幼仪当然是不愿意的，于是徐志摩抛弃她，一走了之了。在去德国之前，张幼仪害怕所有的事情，怕做错事情，怕离婚。到了德国之后，她经历了离婚和丧子的疼痛，人生也到了低谷。她慢慢在伤痛之中清醒了过来，她懂得了要靠自己。于是她开始一边学习德语一边工作，最后有了自己的事业。现在很多电视剧都以徐志摩为原型，去宣扬那些奢华的爱情。如果以张幼仪为中心拍摄一部电视剧，那一定是一部励志剧。

我们对待感情最好的姿态就是忘记伤痛，就像张幼仪那样不断修炼自己，经历过时间的历练和洗礼之后，你一定会找到一个更加优秀的自己！

第十一章

独立的女人要学会合理维护自己的利益

要维护好自己的利益，首先就要做聪明女人，其次是做到"狡猾"，再次就是要有良好的心理素质。这三者缺一不可。在现实生活中，会合理维护自己利益的女人，才能让自己活得更好。这样的女人能在人际交往中八面玲珑，她们会用微笑面对一切，用谦让获得尊重，也懂得什么事情都不能做绝，懂得方圆处世。

女人要独立，首先要学会吃亏

　　小王在工作中不管是强度还是收入上，跟其他同事比起来她总是觉得自己吃亏。她觉得老板总是让她做一些乱七八糟又不赚钱的事情，那些赚钱又轻松的工作老板总是给其他同事干。

　　她说，工作 5 年了，我也是看清楚了，老板永远都是画一个大饼给我，让我去做一些琐事，那些好事情永远轮不到我。她觉得，经济上吃亏就吃亏吧，不赚钱的活少干一些也行，于是就找老板说了一下她的想法，老板就说她太计较了。

　　在工作之中，有一些女人，活干的比别人多，就觉得自己吃亏；钱拿的没有别人多，也觉得自己吃亏；经常加班也觉得自己吃亏。其实真的没有必要太计较，吃亏又不是什么灾难，也不是失败，吃亏其实也是一种生活态度，在工作中吃亏也是一种收获。暂时吃一点小亏有可能会为以后的成功铺平道路，也许在以后的时间里，你的福报就会突然来了。

　　能够吃亏是一种境界，也是一种处世的哲学。在工作之中，并不是多做一些事，多帮助别人干一点活就是吃亏。如果领导让你加班干活，不要觉得自己吃亏了，你应该觉得庆幸，因为领导只叫了你。而没有叫别人，这说明他很信任你。吃亏其实是一种贡献，你贡献的越多，得到的也就越多。

　　舍得舍得，有舍才有得，因此，女人要学会适当的吃点小亏，这绝不是弱智，而是一种大智慧。当你给别人留余地的时候也就是给自己留余地，给别人方便也就是给自己方便，善待别人也就是善待自己。要相信这个世界上傻人有傻福，傻人一般不会有什么心计。和这样的人在一起，别人才会身心放松，不会有太多警惕，这样你才能认识更多的人，交到更多的朋友。傻一般也意味着执着和忠贞，意味着宽厚和诚实，这会让别人不知不觉得站在你这一边。在生活中，傻人无意中得到的有可能比聪明人费尽心机得到的还要多。

　　一位姓林的小姐就曾经为了领一份价值微小的奖品而亏了打车费。一次，林小姐收到某珠宝公司的通知，告知她在该珠宝行购买珠宝后获赠了一份"奖品"，林小姐就高高兴兴地利用双休日特意打车到该珠宝行去领取，心想珠宝行的奖品应该不会很差。可回家打开一看，发现居然是一面普通的镜子，林小姐为此付了70元的车费，这笔钱足够她买十几面同样的镜子，林小姐打趣说："这块玻璃的身价还真是不菲。"

　　对于女人来说，不仅在工作中不要怕吃亏，还有婆媳相处之道，夫妻和睦之道，乃至社会人际关系又何尝不是如此。遇到挑选肥羊和瘦羊的时候，一定要记住咬咬牙挑只小的拿，说不定大便宜就在向你呼唤……

　　然而，占小便宜是一些女人的天性，特别是一些家庭主妇，她们总揽家庭财政大权，负责生活中零星琐碎的事情，难免一时不慎就犯了占小便宜吃大亏的错误。例如常常抵挡不住街边的促销，很容易不假思索购置一批不允许试穿的衣物，买回去之后却发现根本不合身。

　　据说世界上有1%的人是吃小亏而占大便宜，99%的人是占小便宜吃大亏，而大多数成功人士都属于那1%。因此，不管在工作中还是在生活中，我们都要学会吃亏。

跟漂亮女人比聪明，跟聪明女人比漂亮

身为女人要学会利用自己的优势，增加自己的自信和魅力。跟漂亮女人比聪明，跟聪明女人比漂亮就是一个简单易行的方法。

什么样的女人容易从女人堆里脱颖而出？当然是漂亮的，漂亮的女人就是有更具吸引力的特权。那要是大家都很漂亮呢？那就比谁更聪明。是不是做女人只有又聪明又漂亮才会有吸引力？倒也不是，老天对女人没那么好，你只要比漂亮的聪明，比聪明的漂亮就行了。

每一个女人身上都有自己的优点和缺点，这就像山上的石头菱角分明，但河里的石头却圆润光滑。我们并不是什么伟人，但这并不是阻碍我们走向成功道路的绊脚石，作为一个女人只要懂得发挥自己的优势，就能够创造自己的一片天空。

发现自己的长处，展示自己的长处，就不要像梅花鹿一样总是为自己的细腿自卑，而忘记了自己那对美丽的犄角。发展自己的优势，是走向成功的第一步；发展自己的优势，是向完美人生致敬的欢呼；发展自己的优势，也是向自己的目标宣战，成就不悔的自己。

一个摄影记者曾这样描述韩国女星全智贤："见过太多美女，没见过这么美的。你说她长得漂亮吧？胖，还有双下巴，脸上两团'村儿红'，但就是气质温婉，宠辱不惊，与人谈话时态度非常诚恳。"记者的话道出了女人受欢迎的实质。全智贤就是懂得利用自己优势的人，她不会为自己的外表而自卑，她会为自己的气质而自信。

看看林徽因的一生我们就应该知道，女人不仅可以漂亮还可以聪明，她知道自己有什么优势，让自己充满活力，让自己生动起来，成为一个仪态万方的"万人迷"。

20世纪30年代，北京东城北总布胡同有个"太太的客厅"，是"京派"文学和贵族文化的殿堂。"太太的客厅"就设在林徽因的家里。当时林徽因已经身染严重的肺病，但她仍保持着与生俱来的优势，那就是开朗和明丽，说起话来滔滔不绝没人能插得上嘴。费正清的夫人回忆说："梁太太总是聚会的中心人物。当她侃侃而谈的时候，她的那些爱慕者们总是为她天马行空般的灵感中所迸发出来的精辟警语而倾倒。"萧乾回忆说："那绝不是结了婚的妇人的那种闲言碎语，是有学识、有见地、犀利敏捷的批评。"

单看林徽因的照片，谁都会有些疑惑：她确实美丽，但并不是那种摄人心魄的美。何以风流倜傥的诗人徐志摩、哲学家金岳霖、建筑学家梁思成都为她倾倒呢？很简单，林微因有她自己的优势，那就是她的美丽不仅在于容貌，还有她的智慧、才华和活力。懂得利用自己优势的女人才有魅力，才会让人感觉永久美丽。

你是一个没有伞的孩子，下雨天别人可以撑着伞慢慢走，而你必须要快速奔跑。那些有伞的人有他们自己的优势，而奔跑是你自己的优势。

一位著名的化妆师曾说过这样一段话："化妆只是最末的一个枝节，它能改变的事实很少；深一层的化妆是改变体质，让一个人改变生活方式。睡眠充足、注意运动与营养，这样她的皮肤得到改善、精神充足，比化妆有效得多；再深一层的化妆是改变气质，多读书、多欣赏艺术、多思考、对生活乐观、对生命有信心、心地善良、关怀别人、自爱而尊严，这样的人就是不化妆也丑不到哪里去，脸上的化妆只是最后的一件小事。三流的化妆是脸上的化妆；二流的化妆是精神的化妆；一流的化妆是生命的化妆。"

化妆师说出了女人生命的三个境界。当你用心为生命化妆的时候，你就算成不了最美丽最智慧的女人，也能成为最生动的女人。

大智若愚地活着，你就不会成为别人的眼中钉

聪明过人，再好不过。但是，在社会上、婚姻里真正聪明的女人是不会处处显示自己聪明过人的，特别是在家庭里、在丈夫面前，如果不是遇到很关键的事情，还是故意装"糊涂"的好。

"糊涂"有时也是一种胸怀，是一种从容和大度，能把"糊涂"发挥得淋漓尽致的女人才是真正的智者。

喧嚣尘世，芸芸众生，聪明愚蠢，千人千性。聪明对于每个人，各有不同的理解，也会悟到各有不同的真谛。

1. 家庭中婚姻里，既要聪明又要糊涂

有很多女人总是守在家中，等候着晚归的丈夫，有时明明知道他的晚

归不是善意的举动，她们也睁一只眼闭一只眼不闻不问，她们认为这种默默的"守侯与奉献"才是爱的唯一表示。其实不然，女人的长期的"默默奉献与守侯"也会让他得意洋洋、忘乎所以，这种生活的方式在无行中造就了一个不恋家的人，毕竟外面的世界很精彩。这样的女人看似聪明，实则愚蠢。

而真正聪明的女人知道该用什么方式去爱和维护自己的丈夫与婚姻，爱他就给他尽可能大的活动和发展空间。但是，也不要太放任他的自由，要在适当的机会、恰当的场合，故意装点糊涂，给他适当的约束，恰当的压力。如果他真的犯了错误，而又不肯接受批评或劝告时，也不急于求成，后退一步继续装傻，等找适当的时机再谈。因为，她明白，固执己见不但不能解决问题，反而会伤害了感情。这样的女人看似傻气，实则最聪明。

真正聪明的女人，不会做攀附在男人身上的那根藤，也不会做粘附在男人衣角上的那粒沙，因为，那样最终会失去自我与自尊。一个连自己的家庭都经营不好的人，在社会上怎么能好好立足呢？

2. 在尘世里现实中，不可搬弄是非

女人的想象力天生就比男人强，情商也大都比男人高。但从反面来看，太丰富并不是件好事。一个女人如果整天无所事事，大脑就很容易产生一种奇怪的幻觉，一种莫名其妙的烦躁，因为好多无聊的事情是在想象中产生的。这是一种自设牢笼、自我封闭、自找烦恼，看似聪明，实则愚蠢无知、缺乏自信的表现。

生活中常看到或听到喜欢瞎扯舌头、造谣生事、搬弄是非的无聊之人，整日无所事事，吃自己的饭，操别人的心，总是想象着如何在鸡蛋里挑出骨头，又总是想象着如何把这无中生有的事情当成新闻到处传播，如此传播小道消息的人极不负责任，甘心做庸俗的奴隶，这样的人既可悲、又可恶。殊不知过于聪明，甚至是聪明到露骨，则聪明反被聪明误，自逞聪明，引火烧身。

其实这种人根本就不懂什么是做人的美德，她自己本身就是一位是非之人、没涵养之人，愚昧、愚蠢之人，是做人的失败与悲哀。不知有时以此处世，反而会导致初衷与结果的南辕北辙。

这样的人，与其整日想象着损人又损己的无聊之事，倒不如去想着如何充实自己，提高自己，如何让自己的心态真正健康快活起来，那时，才能得到别人的尊重与认可，才会成为一个真正宽宏豁达、胸襟磊落的人。

3. 学会低调，远离喧嚣

山不解释自己的高度，并不影响它的耸立云端；海不解释自己的深度，并不影响它容纳百川；地不解释自己的厚度，并不影响它孕育万物……女子不解释自己的智慧，大智若愚地活着，你就不会成为别人的眼中钉。

生活里，我们常常产生一种解释点什么的想法。然而，一旦解释起来，却发现任何解释都是那样的苍白无力，甚至还会越抹越黑。因此，做人不需要解释，便成为智者的选择。在当今社会，与人相处，女人也要学会低调！

低调做女人，是一种品格，一种姿态，一种风度，一种修养，一种胸襟，一种智慧，一种谋略，是做人的最佳姿态。俗话说"欲成事者必须要宽容于人，进而为人们所悦纳、所赞赏、所钦佩"，这正是人能立世的根基。根基坚固，才有繁枝茂叶，硕果累累；倘若根基浅薄，便难免枝叶萧条，不禁风雨。而低调做人就是在社会上加固立世根基的绝好姿态。作为一个小女子，低调做人不仅可以保护自己、融入人群，与人和谐相处，也可以让人暗蓄力量、悄然潜行，在不显山不露水中成就一番事业。

学会低调做女人，就是要不喧闹、不矫柔、不造作、不故作呻吟、不假惺惺、不卷进是非、不招人嫌、不招人嫉，即使你认为自己满腹才华、能力比别人强，也要学会藏拙。而抱怨自己怀才不遇，那只是肤浅的行为。就像有人说的，真正有品位的女子是不会轻易说出自己用什么牌子的香水一样。智慧女子，就应该适当地装装傻。

低调做女人，就是用平和的心态来看待世间的一切。正所谓"三年不鸣，一鸣惊人"，既可以让人在卑微时安贫乐道，豁达大度，也可以让人在显赫时持盈若亏，不骄不狂。品自己，做个真正的低调华丽女子。

做女人，一定要做到大智若愚，一定要做到"智与愚"同时并用！一定要把"智与愚"进行到底，让自己始终保持并拥有一颗永远年轻豁达宽容的心，该聪明、清醒的时候绝不糊涂，该糊涂的时候一定不要太过聪明。不为烦恼所扰，不为人事所累，这样才会有一个幸福、快乐、成功的人生，这样才是一个真正的智者。

对于有些事情，你需要睁一只眼闭一只眼

大海因为能够容纳百川，所以成为浩瀚的海洋。如果你能够宽容别人，

不但自己能够及时释放心里的垃圾，别人也能够因此而宽容你，同时与你友好相处。假如别人伤害了你，千万不要只会怨恨，关键是要学会宽容，并避免被别人再次伤害。

心胸太狭窄，绝对是一件坏事。报复心太强烈，只能害自己。宽容别人不仅是一种美德，更是让自己健康长寿的秘诀。愤怒是毒药，宽容是良药。所以，女人应该学会宽容，对于有些事情，你需要睁一只眼闭一只眼。

宽容是一种非凡的气度、宽广的胸怀，是对人对事的包容和接纳。女性的宽容更是一种高尚的品质、崇高的境界，是精神的成熟、心灵的丰盈。宽容是一种仁爱的光芒、无尚的福分，是对别人的释怀，也是对自己的善待。宽容是一种生存的智慧、生活的艺术，是看透了社会人生以后所获得的那份从容、自信和超然。

学会宽容能使自己保持一种恬淡、安静的心态，去做自己应该做的事情。整日为一些闲言碎语和磕磕碰碰的事情郁闷、恼火、生气，总去找人诉说，与对方辩解，甚至总想变本加厉地去报复，这样会贻误自己的事业，失去更多更美好的东西。女人要成为一个生活的强者，就应该豁达大度、笑对人生。有时一个微笑，一句问候，也许就能够化解人与人之间的怨恨和矛盾，填平感情的沟壑。

学会宽容是一个女人成熟的标志。宽容的人常常表现出勇于承担责任的作风，如果肯检验一下自己，就可以从失败和差错中找到自己所应负的责任。当一个人心平气和的时候，才能保持清醒的头脑，找出失败的原因，采取克服差错的有效措施，以便更加努力地工作。

而对于家庭来说，女人更要学会宽容。因为男人和女人不一样：女人有烦恼可以向男人倾诉，男人有烦恼则闷在心里或者找哥们倾诉，他们不希望爱人陪着他们一起烦恼，宽容地对待他们偶尔的放纵、偶尔的烂醉如泥、偶尔把家里抽得烟雾缭绕。

女人在爱情中往往把心爱的男人看得很重要，高于一切。而在男人心中，朋友兄弟是最重要的。原谅他约会的迟到，偶尔的失约，给他多一点时间去陪陪朋友，喝喝小酒。

女人爱上一个男人后，会把全部精力放在男人身上。男人爱上一个女人后，则希望她生活得更好。允许他们早出晚回，吃饭应酬。不要因为他们身上陌生的香水味、口红印而斤斤计较，穷追猛打。

女人和前男友分手后，往往痛哭一场，彻底把他打入"冷宫"，他的死活再也与你无关。男人和曾经的女友分手后，会默默祝她幸福，希望自己曾经心爱过的女孩快乐一辈子。所以，不要在意他藏在书桌里的照片，在乎他保留着他们曾经的美好回忆，因为这只是回忆，对你并不构成威胁，他曾爱过那个女孩，就应该记住她一辈子，这才是男人。

女人和男人在一起，有了自己的家，自己的房子。男人和女人在一起，有了照顾家的责任，同时，他们还有另外一个家。不要埋怨男人过多地向着自己的婆婆，回父母家的次数过多。因为他是男人，他必须承担起养活两家人的责任。

女人和男人约会，女人总希望男人按时到达，甚至比自己早到。男人等女人很正常，而男人让女人等则是"犯罪"。不要指责男人的不守时，相比于女人喜欢约会散步，男人更希望把更多的时间放在工作上，给女人创造更好的生活环境。

女人和男人相爱，希望得到巧克力、玫瑰花，还有那象征一辈子承诺的戒指。男人和女人相爱，希望给她一个温暖的房子，一个坚实的臂膀让她依靠。男人不喜欢那些没几天就掉落的玫瑰花、情人节包装昂贵的巧克力、只能当摆设的小玩意。他们更喜欢带女人去吃一顿并不浪漫的家常菜，给女人买几件并不漂亮却很保暖的衣物。原谅男人不懂得浪漫，原谅他不给你玫瑰花，原谅他没有给你烛光晚餐，他不是小气，也不是不在乎，他不是不懂得浪漫，他是更懂得生活。

女人希望情人节有男人的陪伴，男人也希望情人节可以陪女人漫步街头。但是，如果他的父母有一方不在了，请放弃属于你们两个人的情人节，让他回家陪伴那孤单的老人，老人比我们更需要体会情人节的温馨。

女人和曾经的男人分手，情人节则不会再次想起他。男人和曾经的女人分手，情人节则会悄悄地送一朵百合给她。原谅他在花店的订货单上除了给你的玫瑰，还有给另外一个人的百合花。陪着他一起祝福那个女人吧。

男人和女人谈恋爱，女人总是盼望着男人送的小礼物，偶尔的小惊喜。如果他还没有工作，请把这小小的心愿埋藏在心底。他送给你的礼物，你可以偷偷把钱放回他的钱包，因为他还没有挣钱，我们不能要他们的礼物，他们的零用钱也是有限的。

女人回到家，无论什么时候都要问问男人怎么样，遇到什么事了。男人回到家，则累得动也不想动，话也不想多说。原谅他们对你的忽视，原谅他们进门倒头就睡，原谅他们把家当成旅馆。

当然女人的宽容不只是在感情上，女人要学会用自己的认知去评判事物，事事都不是很完美；女人要用自己的心胸去衡量别人，人人都有自己的不足。眼睛是一把尺子，在衡量别人之前先衡量自己；心是一杆秤，称人的时候要先称自己。不要经常挑别人的过错，其实自己也不完美；不要责备别人的短处，自身其实也有缺陷。一味地逼人，只会让别人走上绝路，自己也可能会无路可退；眼睛只盯着别人的缺点，可能不会让别人颜面扫地，而自己颜面全无。

讲到这里，并不是让女人学会忍气吞声，而是让女人学会宽容。这是两个完全不同的概念。归根结底男人不是女人一个人的，他属于他的家人、他的兄弟、他的朋友。他不需要太多的管制和过问，只要他心里有你，何苦把他拴在身边。

很多时候，对于一个独立的聪明女人来说，有些事情，你需要睁一只眼闭一只眼，毕竟和谐的家庭生活是双方互相妥协的结果。

像雾像雨又像风，做谜一样的女人

男人到底最爱哪种女人呢？漂亮，有学识，有修养，这些看似很重要的条件，未必男人都会喜欢，很多人都会纳闷，为什么那个相貌平平的女人会让那么多男人倾倒……

男人大都喜欢有一定神秘感的女人，换言之，在男人面前若隐若现，跟男人若即若离，让男人看得见却摸不着更猜不透的女子最能吊起男人的胃口，激发男人的征服欲，也能长久保持她的吸引力。这跟一个女人的相貌身材并不完全划等号，但却一定跟她的气质风度、穿衣打扮、待人接物、行为模式息息相关。

女人要想长久地吸引男人，既不是靠惊人的美貌，也不是靠温顺的性格和不凡的才气，而是一种特殊的味道，一种不一样的气质，一种与众不同的交际手腕，一种齿颊留香的品味，也是一种余韵悠长的享受。概括一下，那就是"三不"——"深藏不露、飘忽不定、捉摸不透。"而所谓的"三不女人"，最是让男人勾魂摄魄，也最让男人魂牵梦萦乃至牵肠挂肚。

女人也会喜欢有一定神秘感的男人，所谓"男人不坏女人不爱"就是这个意思，在这里，"坏男人"并不是地痞无赖、流氓恶棍的同义词，而是特指拥有独特的个性、让女人看不清猜不透、不按牌理出牌的男人。不过，女人对男人终极的情感需求是安全感，女人一旦爱上"坏男人"，总想把他改造成好男人，不过大多数"坏男人"都拒绝"改邪归正"。

一度火爆荧屏的港剧《金枝欲孽》中，从海选中突出重围直至闯入后宫的秀女尔淳就有一套独特的"驭帝术"：她认为，讨好皇上跟讨好男人本质上是一样的，最笨的方法就是百依百顺，但他很快就会索然无味，聪明的方法则是若即若离，让他可望而不可及，最厉害的一招就是始终让他求之不得。

所谓若即若离也好，求之不得也罢，其实就是在男人面前摆"迷魂阵"，保持一定的神秘感，不让他一下子看透你。

尔淳是这么说的，也是这么做的，每当皇上主动接近她一次，她就欲擒故纵一番，在勾心斗角争风吃醋的皇宫内院，万千佳丽大都主动送上门，她却反其道而行之，欲说还休，欲迎还拒，结果皇上的胃口被吊得老高，神不知鬼不觉地就被这个颇有心计的小丫头给灌了"迷魂汤"，别看皇上是九五之尊，最终还不是乖乖就范任其摆布，彻底沦为了她的裙下之臣？

　　一个男人开始进入一段全新的感情，如同一个小男孩第一次打开一盒新的拼图一样，如果他打开一看，拼图已经是现成的，他的兴趣会立刻烟消云散。但是如果这个拼图必须让孩子自己去动脑、想象、部署，才能将那些小块拼到一起的话，他的大脑就会像受到了刺激一样异常兴奋。

　　都说情场如战场，这话不假。有时候情场更像猎场，男人更像猎手，喜欢主动出击；女人更像猎物，四处躲闪。记得一个打过猎的男人曾经谈起过这样一种奇妙的体验：当一个披着生物保护色的猎物在树丛中若隐若现的时候，猎手的好奇心就会被挑逗起来，他会目不转睛，会跟踪追击，必要的时候他就会举起手中的猎枪，瞄准心仪已久的猎物，然后扣动扳机，此时的他心跳加速、呼吸急促、瞳孔放大……其实男人追求女人何尝不是这样呢？跟男人总是若即若离、保持一定神秘感的女人好似披着生物保护色在树丛中四处躲闪且又时刻在招摇的猎物，更会激起男人这种野生动物无限膨胀的征服欲。

　　一个深藏不露、飘忽不定、捉摸不透的"三不女人"，能让男人领略到雾里看花、云中望月的美感：一个每根肋骨都让男人摸清楚的情人，可以提供给他们安全感，但不会让他们产生朦胧的美感。

　　百丽有句广告词："百变，所以美丽"，字里行间尽是女人的自信。还有广告里的妖娆的女模特，飘曳魅惑。做女人就该如此，百变自信，飘曳魅惑！

　　多少年过去了，如果你的老公还会在你耳边呢喃："你仍旧是那个'谜'样的女人！我也依然不知道翻开你的下一页，会有怎样的惊艳！"

　　这是赞许！让枕边人参不透，日日新鲜，这不是许多人孜孜以求的终极目标吗？善变之后方能百变，女人就是在不断改变自己的过程中提升魅力的。像雾像雨又像风，不让人猜透就是你的本事。

第一变：将善变进行到底！

善变的女人，就像一杯茗茶，越品越香，如一本读不透的书，时时出新。所谓善变，不是要心机，而是在变的过程中让对方猜不透，猜不透就自然想了解，欲擒故纵，在善变中收放自如，才是百变美人。

第二变：永留一份神秘！

"神秘"二字是美的源泉。"犹抱琵琶半遮面"的诱惑，对于每个男人来说都是致命的。即使他对你的身体十分熟悉，也不要在他面前宽衣解带；不要把所有的事情都告诉他，你有属于自己的秘密。

第三变：别让程式束缚自己！

生活中太多程式化的东西，比如衣服永远的一个样式；发型永远的同一款式；吃饭永远的中餐……太多程式化的东西，久而久之就会生出惰性。破除程式化，让生活多一点新鲜，多一点惊喜，多一点变化！

女人不应该随着时光的流逝而变得黯淡无光，而是要像珍珠一般，经由岁月的磨砺愈加温润迷人。

女人百变，所以美丽！像雾像雨又像风，做个谜一样的女人吧！

楚楚可怜的女人却是受伤最少的女人

女人要学会示弱，楚楚可怜的女人往往是最少受伤的女人。因为很大程度上，"弱"本身就是一种威慑力。

男人们会将强势女人视为对手，却无法不疼惜柔软温存的女人。男人都不喜欢女人太强势，因此女人要学会适当的示弱。都说女人如水，水是最柔弱的，却又可以滴水穿石，因此女人应学会以柔克刚，在温柔如水的女人面前，再刚强的男人也会被融化，拥有了温柔的好心态，再拥有妩媚动人的神态，男人的心便被你征服。

女人示弱，是福气更是智慧。通常，男人都有天生的保护欲望，也希望女人比自己柔弱，自己能够被需要、被依靠。因此，大多数的男人都喜欢温柔且会示弱、会撒娇的女人。夫妻之间是以性别而存在的，男性的阳刚和女性的阴柔才造就了完美的结合，给予女人保护而显示自己的强大是男人的本能，而女人在家里是弱者也就天经地义。女人示弱，是为了给男人疼惜、关心、保护、牵挂的机会，这种感觉会让男人很快乐很满足，而很多现代女性却忽视了这一点。

"我从小确实就比较独立，又很爱家庭和自己的丈夫，不想给他添麻烦怕他辛苦，所以就像照顾一个孩子一样地照顾他……"一位事业成功的女性企业家这样说道。但是你知道吗？一个无所不能的妻子并不是男人向往的，在这样的环境下，男人们常常感觉不到被依赖、被信任和被需要，他甚至会觉得在这个家里，他并不重要。韩剧《玫瑰人生》中就有这样一个情节，男主角抛弃发妻另找情人的理由是："你很坚强，没有我无所谓；可她太可怜了，离了我她会活不下去！"这说明需要被依赖的感觉对男人来说很重要。

生活中往往会看到许多的女强人，她们事业有成，可是最终的结果是家庭破裂，孤身一人，形单影只。有一位女朋友就曾愤怒地说道："我天天在外面忙活，他却拿着我赚的钱到外面包养二奶！是可忍，孰不可忍，离婚了事！"事实上，这位朋友就属于太爱显示自己能力的女人，从来不会在丈夫的面前示弱，甚至要处处压过老公。在公司内外指挥许许多多的男人，到了家里也就指挥自己的老公。在社会上接触到的都是名流，看看这些成功的男人，再回家看看自己的老公，真有些恨铁不成钢的感觉。久而久之，觉得自己的老公怎么看都不顺眼，老公也不堪忍受，在自己妻子这里得不到尊严和温暖，就在空寂中去外面寻找柔情。

婚姻中女人的"示弱""撒娇"是最厉害的武器，它无棱无角，却可以磨平男人的棱角。他会把男人浸没在温柔乡里，轻而易举地将矛盾解除，用"以柔克刚"来比喻女人的"示弱"再恰当不过了。示弱只是一种手段，示强才是目的，真正会示弱的女人，实际上是个会驾驭男人的强者。

现代婚姻中，经济占主导地位的不再只是男人，有的女人比丈夫的社会地位、学历、收入都高，若是碰到传统观念强一点的丈夫，聪明的女人就可以用"示弱"来平衡对方的心理，在家里收起锋芒，平和地对待丈夫，以一颗平常心去面对生活。真正的大男人，虽然嘴上不说，心里却会理解妻子的委屈，妻子越是"示弱"，他越会对妻子更宠爱，这与整天沉浸在两败俱伤的争论中相比，真是天堂与地狱的差别。

从心理学理论上讲，社会舆论是会偏向甚至偏袒那些看上去很弱的一方的，女人的柔弱往往会博得社会舆论的广泛支持，即使是由于双方甚至女方的问题而导致离婚或者是家庭破裂，女人都可以得到更多的社会舆论的声援。聪明的女人尽管内心坚强，但也善于示弱，这样的女人往往更容易得到幸福，越是善于示弱的女人内心也就越成熟。相反，表面强悍的女人，其实恰恰是抛开了社会赋予她的天生的最好的武器，而使得自己陷入被动之中。

居家过日子难免磕磕碰碰，聪明的妻子发现家庭有问题时，如能学会在婚姻生活中低头，懂得了主动、及时在丈夫面前示弱，纷争和矛盾统统都能化解，使濒临解体的婚姻，重新找回当初的甜蜜、温馨。优雅女人学会了那低头的温柔，男人们就会陶醉在"最是那一低头的温柔，像一朵水莲花不胜凉风的娇羞"的韵味中。

当然，女人示弱并不是脆弱，更不是软弱，那只是让家庭更和美，让工作更顺利，让人情更融洽的一点儿小智慧。示弱——顾名思义就是展示自己的弱小。优雅女人应学会示弱，更要善于示弱，淡化自己的光芒，充分尊重对方。这种示弱并非真正的弱小，而是一种主动把握生活的自信和从容，一份淡淡的柔弱成就了一份浓浓的快乐，男人就会感觉自己像国王一样快乐，因为他记着有一个需要他保护的家，家里有一个需要他呵护的女人，他的心也就永远留在了他的王国里。男人都不喜欢女人太强势，太聪明、太独立的女人反而让男人感觉不到温暖，很难与她分享幸福。

杨澜说："什么时候逞强，什么时候示弱，是一个女人的爱与智慧。"因此女人应学会以柔克刚，在好男人面前，弱一点更被人爱。女人"示弱"要"示到巧、示到妙"，恰到好处才是上策，在男人眼中，女人的温柔、脆弱和顺从其实就是一种力量。

事业的成功者，生活中的幸运儿，被人嫉妒是难免的，示弱是一种高超的智慧，可以减少乃至消除不满或嫉妒，示弱可以让我们得到朋友，人与人相处，愉悦是第一要紧的。女人永远都要会撒娇示弱，永远都是缠绕大树的藤蔓，只有这样，才能显出男子汉高山般的伟岸，才能满足他们阳刚之气的虚荣心，才能让他们体验到怜香惜玉、英雄救美的快感。示弱更有利于家庭的和睦，事业的兴旺发达！

学会示弱吧，要学会宠爱自己，学会对不重要的事情不再介意，学会不和自己作对，学会热爱生命，珍视健康，学会自嘲从而快乐的生活。示弱不是懦弱，不是无原则的退让，不是胆小怕事，而是学会小鸟依人，让自己变得更有女人味，让他想疼你、护你，给他足够的自尊，给他一个展示自己的舞台，给自己一个幸福的人生！

第十二章

别让独立抹杀了你的女人味

　　每个人都需要一块自己的天地，不仅在三维空间上，也在心灵中，即使是在朝夕相处的家庭成员之间。夫妻间也可以经济 AA 制，甚至婚内分居，在维护隐私者看来这些都是个人独立的需要。我们之所以独立是因为想让独立使我们享受爱，并且可以坚持自己的人生。但请不要让独立抹杀了自己的女人味，更不要抹杀一个男人能感受到的你对他的情感依赖。

在外是女强人，在家是小女人

职场没有性别之分，幸福的家庭却呼唤女人回归。

有些职业女人把全部精力放在工作上，没有什么时间关心家人的身心和生活，这样是不对的。职业女人一定要明白，你不单是一个"工作人员"，也是一个妻子、母亲，对工作负责的同时也应该对家庭负责。

曾经有一部名为《妻子》的电视剧红遍大江南北。

这是一部讲述一个现代男人渴望找到妻子的故事，傅彪夫妇领衔主演剧中夫妻。陈灵宝（张秋芳饰）和谢家树（傅彪饰）在大学里相识相爱，毕业后不久便结婚了。但陈灵宝遭到了婆婆的冷脸和小姑子的数落，为了家庭的和睦她只好忍耐。

在外部大环境的冲击下，夫妻两人的观念发生了分歧。陈灵宝希望老公勇敢投入商海，谢家树却安于现状，不肯下海冒险。无奈，陈灵宝向单位辞职，开始跟别人合伙推销药品。在生意失败的关键时刻，她得到了老公的扶持。后来在老中医的启发下开发保健品"益寿汤"，陈灵宝的事业得到了飞速发展，开办了第一家保健品超市，并且吸纳了不少亲戚，连老公也辞职当起了副总。

由于产品质量、"搜身事件"等问题，在记者的恶意炒作下，"益寿汤"销售一落千丈，被另一种新产品"八仙饮"替代。加上公司内鬼的出卖，他们夫妻之间发生了很多争执，最后的结果是公司破产，谢家树又莫名其妙地变成了一个傻子。

为了老公的康复，陈灵宝学会了按摩穴位，老公的病情也因此逐渐好转。随着按摩技术的提高，陈灵宝萌生了开健足店的念头，在她的精心打理和热心人的帮助下，健足店从一个店发展到十几家连锁店，陈灵宝不禁露出了欣慰的笑容……

陈灵宝是一个企业家，为事业勇敢开拓，自强自立。同时她也是一个好妻子，为家庭呕心沥血无私奉献。她的成功在于能恰到好处地在这两个角色间转换。

女人，必须扮演好自己的角色，在家庭生活中属于你的责任和义务一项也不能推托，不能说因为事业小有成就就可以随意把工作的情绪和某些习惯带回家，职业女人必须清楚，工作是在办公室里而不是在家里。

人生是一个舞台，每个角色都要争取演好。在家里不能摆架子，要在工作中演职场的"戏"，在家里演生活的"戏"。完美的女人是自然属性和社会属性的结合。

女强人有能力、有知识、有文化、有品位、有修养，是令人羡慕、崇敬和神往的，但是优点和长处往往是双刃剑，既能讨人喜欢，也可能产生意想不到的负面效应。

男人天生就拥有雄性的征服欲望，希望自己的女人小鸟依人般地依靠着自己。试想，一个男人如果在外面拼了命地工作，被上司压制着，回到家里自己的女人还要耍性格玩个性跟男人争个面红耳赤，那对男人来说不论是在生理还是心理上都是一件很痛苦的事情。

女白领，尤其是高端女白领长期在职场打拼，养成了许多职业习惯，应尽量避免把这些习惯带到情感交往中，进入家门后要学会角色转换。

有的女人长期在机关或者管理层工作乃至担任领导职务，形成了许多领导意识和领导气质，可能自觉不自觉地带到8小时之外。就是穿衣服，职业女人和其他人也是不一样的，非常严肃、庄重。但是习惯性的领导意识不可在情感世界的两人交往中过多地体现，因为你们毕竟不是上下级关系，即使是，在情感世界里也是平等的，只有平等，才有真情，才有温馨，才有浪漫，才能完美展现你不仅是优秀的杰出职业女人，更是风情万种、温柔体贴的女人。否则只能给人高高在上、高不可攀的感觉。

因此，女人回到家要多一些女人味，少一些职场味，这样才能体现出作为女人的魅力。怎样才能充满女人味呢？在男人面前不妨适当多一些主动，少一些被动。

女强人也许由于长期纵横职场、饱读诗书的缘故，认为情感问题上应该男人主动。殊不知，优秀男人也不是那么轻易主动的，因为优秀男人一般自尊心很强，被人拒绝是一件很没面子的事情。女人主动不一定代表轻浮，相反，你的热情可能会让你喜欢的男人感动，受到鼓舞，认为你在情感上对他有知遇之恩，也许在你主动的关心、体贴、邀请下，他会悄悄下定与你厮守终生的决心。

要想主动，女人就要多一些自然和奔放，少一些矜持和压抑。

由于长期受工作环境、生活习惯的影响和中国儒家传统思想的熏陶，女强人非常注意自身的形象，久而久之，养成了矜持这一特有的气质，或者表现为冷美人，或者表现为不苟言笑，或者像高傲的公主。如果是在工作中，这些是完全必要的，甚至可以增加你的领导魅力。但是在情感中，就要努力做一个"小女人"，展现女人温柔妩媚、自然奔放的一面。

该靠在男人的肩膀上时就轻轻地靠上，该依偎在他的胸前就依偎在他的胸前，适当撒娇也是不错的选择，因为你要知道，你那么美丽和优秀，站在你面前的一定是个非常优秀的男人，这样的男人在工作中已经身心疲惫，他需要的是一个有女人味的女人，而不是一个女强人。如果你仍然呈现给他一个职业女人的内敛和矜持，如同让他到单位加班、面对美女同事一般，味同嚼蜡，你想想他的感觉会如何？

让一扇门隔开两个世界。只要拿捏有度，适当的开门和关门相信能使你既成为人人羡慕的职场丽人，又成为男人离不开的好妻子。

不要把工作中的坏情绪带进家里

情绪具有很强的感染力，情绪的好坏会传染他人。家庭成员的情绪变化能够直接影响和感染整个家庭。因此，作为一个女人，我们回到家里，要屏蔽掉自己的不良情绪，这不是让你压抑自己的不良情绪，而是在看到体贴的丈夫，可爱的孩子，温暖的灯光和自己家人对自己的关心之后，把心中的阴霾一扫而光，把烦恼都抛掉。

晓红的妈妈在一家外企上班，平时工作很忙，几乎每天都有大大小小的会议，为了给晓红不比别人差的生活条件，妈妈努力、辛苦地赚钱。

有一天，在初三的物理课堂上，老师出了一道难题，晓红思维敏捷，第一个做出来了，老师夸奖了她，她也很高兴，放学了，晓红带着作业本回家了。没多大一会儿，妈妈回来了。晓红高兴地跑到妈妈身边，帮着妈妈脱掉了外套，但她看着妈妈脸上的表情，好像有什么心事似的，从回到家，妈妈一句话也没说。但晓红还是很急切地把老师表扬她的事情告诉了妈妈，想让妈妈高兴一下，没有想到妈妈转过脸来，脸上没有一丝开心的表情，对她说："你不要整天缠着妈妈，妈妈工作已经很忙了，你自己去房间写作业去，不要再打扰妈妈了。"晓红看着觉得妈妈一定遇到什么不开心的事情了，就问："妈妈你有什么不开心的事情吗？"妈妈回答说："你赶紧写作业去，妈妈今天心情不是很好，不要再问东问西了。"妈妈的话把晓红的心情搞得很糟，晓红很失望，回到房间后她的眼泪掉了下来。

过了一会儿，爸爸回来了，妈妈看到爸爸回来了，就使劲挑爸爸的毛病，没过一会儿两个人就吵起来了，晓红想到这样的家庭，伤心透了。

过了几天，晓红在爸爸那里知道，妈妈因为项目策划失误而损失了一单生意，并因此失去了一个客户。但晓红心里总觉得自己和爸爸都是无辜的。

人们普遍觉得，人不管多大的年龄都是父母眼中的孩子，长辈的尊严是不能够侵犯的，但是孩子也一样有尊严。女人应该控制好自己的坏情绪，把坏情绪带给孩子和丈夫，把他们当成出气筒，是对孩子和丈夫的不尊重，这种做法是不可取的。

　　当然，在这个日益竞争激烈的现实生活中，每个人的心理压力都很大，焦虑、紧张、烦闷等不良情绪困扰着很多人。在生活中，大多数女人很容易忽视自己的心理保健，缺少有效的自我调节能力，所以在工作中，或者是在人际关系上受到挫折的时候，当委屈没有地方发泄的时候，难免会把坏情绪发泄在家人的身上，让家庭成员成为了"替罪羊"，这就造成了家庭关系的紧张。一个女人把最坏的脾气和最糟糕的一面展现给自己最亲近的人，这是很愚蠢的表现。

　　要想让家庭和睦，就要学会调节自己的情绪，多培养一些有益的爱好，唱歌或者是跳舞等来疏导自己的坏情绪，不断的学习，不断的成长，多学习一些心理学知识，多交一些朋友，多向朋友倾诉，找到安全合理的发泄情绪的渠道，转移它们并且让它消失。让家庭成为我们温暖的港湾和舒适的驿站，不管遇到多大的困难，全家人一起走出来，相互关心，相互依靠，共同承担，不管什么困难都能克服战胜。

　　月有阴晴月缺，女人的情绪起起落落也是有规律的，一个人如果成不了心态的主人，就会变成自己情绪的奴隶，发脾气是本能，能够控制住自己的脾气才是本领。家里是休息的地方，不要把自己的坏情绪带回家，让家庭成为永远平静和祥和的地方。

　　家庭的幸福是建立在所有家庭成员生活愉快的基础之上的，在一个家庭中，也许妻子的快乐并不能影响家人，但是妻子的愁苦一定会影响到家人。唯有保持快乐的心情，才会为幸福的家庭生活增添砝码。

　　那么，如何才能控制好情绪，保持快乐的心情，并把快乐传递给家人呢？

　　（1）把你的笑脸带进门。不管在外边受了多大的委屈，进门给家人一个笑脸。把烦恼和不快乐在进门前清除掉。

（2）不要苛求完美。有些人做事要求十全十美，对自己要求近乎吹毛求疵，往往因为小小的瑕疵而自责，结果受害者还是自己。为了消除挫折感，应该把目标和要求定在自己能力范围之内，懂得欣赏自己已有的成就，这样自然会心情舒畅。

（3）对他人期望不要过高。很多人把希望寄托在他人身上，若对方达不到自己的要求，便会大感失望。其实每个人都有自己的优缺点，何必要求别人迎合自己的要求呢？

（4）疏导自己的愤怒情绪。当我们勃然大怒时，会做出很多错事或失态的事。与其事后后悔，不如事前加以自制。把愤怒转移至另一方面，如打球和唱歌。

（5）往大处看。一个做大事的人处事是从大处看，只有一些无见识的人才会向小处钻，因此只要大前提不受影响，在小处有时亦无需过于坚持，以减少自己的烦恼。

（6）暂时逃避。在生活受到挫折时，应该暂时将烦恼放下，去做你喜欢做的事，如运动、睡眠和看书等，等到心境平和时，再重新面对自己的难题。

（7）找人倾诉烦恼。把所有的抑郁埋藏在心底，只会令自己郁郁寡欢。如果把内心的烦恼告诉你的知心好友或师长，心情就会顿感舒畅。

（8）为别人做点事。助人为快乐之本，帮助别人不但能使自己忘却烦恼，而且可以找到自己的存在价值，更能获得珍贵的友谊，何乐而不为呢？

（9）在一时间段内只做一件事。美国心理辅导专家乔奇博士发现，构成忧思、精神崩溃等疾病的主要原因是患者面对很多急需处理的事情，精神压力太大而引起精神上的疾病，要减少自己的精神负担，不应同时进行一件以上的事情，以免身心俱疲。

（10）不要处处与人竞争。有些人心理不平衡，完全是因为她们太争强好胜，使自己经常处于紧张状态。其实与人相处，应该以和为贵。

（11）对人表示善意。经常被人排斥是因为别人对我们有戒心。如果在适当的时候表现自己的善意，多交朋友，少树敌人，心境自然会变得平静。

（12）娱乐。这是消除心理压力的最好方法。娱乐方式不重要，最重要的是要令心情舒畅。

不要拿别人的幸福衡量自己的生活

不管男人还是女性多少都有虚荣心，但女性的虚荣心一般比男人强。其实没有女人的虚荣也就没有男人的虚荣，男人和女人的虚荣不是彼此孤立的，在某种程度上，他们往往是在不知不觉中互相鼓励着对方的虚荣。男人以娶美女为荣，女人以嫁名流、富人为荣，于是各自的虚荣助长了对方的虚荣。法国作家莫泊桑的短篇小说《项链》中的女主人翁玛格丽特，就是一个贪慕虚荣的典型，这位女主人公因为一条项链迷失了自己。因此，不要拿别人的幸福来衡量自己的生活，要好好做自己。

生活当中最经常的表现是，几个女性一碰面，就会相互从头顶打量到足尖，接着就是打听对方的服装、饰品、身边物品价钱多少、在哪里买的，恨不得马上去买。如果自己囊中羞涩，内心就会失落和难受好一阵子。

女性的虚荣心还表现在喜欢与人攀比，经常可以看到现实中几个女性聚在一起，谈论男朋友或老公给自己送了什么礼物，买了什么衣服之类，然后相互攀比一番……有一些女人甚至为了虚荣失去了自己，不惜一切代价去买一些昂贵的东西。前段时间在网上看过一篇名为《浮华背后：上海女人的虚荣心》的贴子，写的是月收入不过5000元的一些上海女性，竟会攒下大半年的收入去高档专卖店买一个路易·威登挎包，还挎包去挤公交车，或走路出行上下班，足见这些女性的虚荣心之强……

虚荣心是一种过分膨胀的、扭曲了的自尊心。因此，虚荣心也称脸上"虚尊心"，也就是虚假的自尊心。很多女性在谈恋爱时也是这样，总希望男朋友对她好，但往往忽视对男人品质素养的了解。总要求男人去满足她的虚荣心，如果不能满足她就认为是男朋友不爱她。

随着虚荣心的满足，女性也渐渐丧失正确的恋爱态度和原则，结果就是把好男人逼走，给坏男人以可乘之机，架不住一些坏男人的花言巧语，一点恩惠就被看成"爱"，甚至把虚荣心的满足看成一种交换以身相许。

女性的恋爱虚荣心理一般表现在如下方面：

1.择偶标准的虚荣

对"事"的考虑胜过对"人"的考虑。只要对方给自己脸上"增光"，不管其为人如何，思想、感情、个性同自己能否契合，都能成为"意中人"。

有些女人一心要嫁个富有的男人做丈夫，有些女人看到对方有个高官厚禄的爸爸，就情窦大开。如此种种，她们追求的并非对方的人品、个性、志趣、修养等内在素质，而是看其能为自己提供多少"面子"，但过分考虑"面子"就未免太过虚荣了。

2. 恋爱方式的虚荣

恋爱作为一种过程，是同恋人间的相互了解相影相随的。这种了解，本来与金钱并无必然联系。也就是说，了解可以在共同爱好的活动中自然增进，也可以在有意接触的约会中逐步深化。

但女人却通常看重金钱的作用，她们往往很重视男人所送财物的数目，好像男人的感情是与金钱的数量呈正比的。如果男人花的钱少，女人就会不高兴。饭店要上高级的，东西要买高价的，送礼要送值钱的，否则就是看不起对方，或者认为对方轻视自己，在别人面前也感到脸上无光。实际上这也是女人的虚荣心理在作怪。

3. 婚礼仪式的虚荣

有的情侣修成正果，好不容易攒钱买了房子准备要结婚了。女孩子一想自己身边的姐妹的婚礼排场一个比一个大，于是不考虑实际情况，非要办一场华丽的婚礼。

结果婚礼一结束，繁华散尽，钱包也空空如也了。接下来的柴米油盐酱醋茶，诸多的矛盾和不和就接踵而至了。

当然，女性的虚荣心并一定是件坏事，更不可怕，一个正常女性多少都会有虚荣心，适度的虚荣心可以让人奋发向上，努力去创造。爱美是女性的天性，赚多少钱就过多少钱的生活，懂得量入为出，保持勤俭节约的美德，还要有正确的审美观念，努力提高自身的气质修养。

美丽并不一定都是靠华丽的服饰包装出来的，衣靠人衬，一般的衣服也能衬托女性的美丽形象与气质，同时又带来了好心情。嫁个有钱男人当然好，但要以男人真心爱你为前提，凡事都有两面性，有得必有失，重要的是把握好自己，感情婚姻稳定是一切的基础，过于注重外在，为满足虚荣心而超出自己的能力范围，就会得不偿失，在爱情婚姻上，如果把金钱物质作为择偶的标准，绝不可能得到真正的爱情。

如果女性在与男性交往或恋爱中处理不好虚荣心的问题，往往容易迷失自己，正确对待虚荣心，虚荣心可以成为你前进的动力，切不可让虚荣心盲目膨胀而导致惨重代价。

一般来说，女性的这些虚荣都是来自攀比心理，总觉得别人有的自己也要有，没有就是没面子。其实在生活中做好自己就好，不拿别人的幸福衡量自己的生活。没有必要为了一件奢侈品花掉毕生的积蓄，俗话说，有多少钱就过多少钱的生活，开心就好。

婚姻是爱情的延续，把家营造成温暖的港湾

人们常说"婚姻是爱情的坟墓"，婚姻果真是爱情终结的"杀手"么？非也。爱情的产生与消失有其复杂的原因，但并非是婚姻扼杀了爱情，而是爱情以婚姻的方式走入现实的生活。

对爱情的理解，虽然人各不同，但爱情是一种激情，是普遍公认的事实。男女结婚，成为夫妻，同吃同住、同床共枕、两情相悦、恩爱缠绵。

俗话说"一夜夫妻百日恩"，事实上许多夫妻结婚时间越久，夫妻感情越浓。那么，为什么仍然有许多人认为"婚姻是爱情的坟墓"呢？持这些观点的人，其实是忽视了一个爱情哲理：爱情之花需要经常喷水、施肥，不然，它会逐渐枯萎，直至死亡。如何给爱情时常喷水、施肥呢？简言之：爱，关心，呵护，帮助。

1. 家庭和睦的先决条件是夫妻恩爱

在家庭中，有不少关系类别，如夫妻关系、父子关系等。每一种关系都很重要，但是各类关系的主轴是夫妻关系。有人认为妻子可以再嫁，丈夫可以再娶，但他们的父母却不能再换，所以为了孝顺而舍弃夫妻之情。可到头来，也许最后还是苦了自己的父母。有人为了子女的将来，不惜夫妻两地分居，最后导致家庭破裂。其实，夫妻关系是任何亲情关系都不可取代的。

2. 家庭无可取代

分析目前很多家庭不幸福的主要原因，是夫妻双方认识不到家庭的重要性。不少人认为工作比家庭重要，结果夫妻感情日渐枯竭；不少人认为客户比子女重要，结果亲子关系横逆日生；不少人认为赚钱比婚姻重要，结果家庭关系濒于破裂。而那些深谙家庭重要性的人，则想方设法安排出更多的时间给家里人，她可能因此而失掉不少赚钱的机会，但得到的是全家人的欢乐相聚。

3. 培养良好的情绪

培养良好的情绪，目的不是不许家人发脾气、闹情绪，而是要让每个人学会何时哭、何时笑、如何哭、如何笑。拥有幸福家庭的人通常活得很轻松，可是却不放肆。谁都可以发泄情绪，却不能"情绪化"，因为极端的"情绪化"很容易对他人进行人身攻击。如果家庭中出现了矛盾，大家可以坐下来讨论，不妨让一个人先讲 3 分钟，然后另一个人再讲。若其中一方情绪正处于激动状态，应待稍微冷静后再谈，以免在气头上彼此恶语相加。

4. 避免过分纠缠"对、错"问题

每个人因成长背景不同，所形成的价值观、消费观也不同，在此不必过分纠缠谁对谁错，要学会适当地协调、让步。

美国两位婚姻和家庭顾问最近通过问卷调查，发现 25 个州的 3000 个家庭在问卷中都提及了保持家庭和睦的六个秘诀。

（1）自我克制

任何和睦家庭中最关键的因素与其说是时间、精力和感情的投入，不如说是自我克制精神。每个家庭成员都要努力使自己的家庭成员富裕和幸福，并且悉心将家庭维持下去。

（2）共度时光

当 1500 名儿童被问及"你们认为怎样创造一个幸福的家庭"时，他们不列举金钱、汽车或好房子，他们的回答是："在一起做些事。"

和睦家庭的成员都同意这个观点，喜欢花很多时间在一起工作和娱乐。"做什么并不重要，"他们认为，"关键是要在一起共度美好的时光。"

（3）互相欣赏

渴望被人欣赏是人类最基本的心理需求之一，有的夫妇正是用互相欣赏的做法改变了他们的生活。"我们在婚姻上过早地陷入了一种困境。"一位妻子认为，"部分的原因是由于我们目睹了不少夫妇常互相刻薄地挖苦对方，特别是还当着别人的面。我们也不知不觉地染上了这种恶习，不知不觉地伤害了夫妻感情。我们要多看自己已有的东西，少看还缺什么。"

（4）真诚交流

心理学家认为，良好的交流有助于创造一种亲密感，维护家庭的稳定。良好的交流需要花时间和反复实践才能实现。

（5）注重修养

注重自身的修养也是维持家庭和睦的重要因素，它能使我们得到别人的爱和同情心。和睦家庭的重点是在日常生活中注意塑造自己丰富的精神世界。

（6）战胜危机

和睦的家庭并非没有难题，但是他们有能力去迎接生活中出现的挑战。

在一个女人的一生里，不管她爱过几个男人或者有几个男人爱过她，丈夫都是她生命里最重要的人。女人与自己丈夫的感情，是世界上最踏实的一种感情，它不但包括了在某一个时刻的怦然心动，更包括了细水长流的生活。

婚姻是爱情的归宿，是爱情之舟靠岸的港湾，而婚姻给予爱情之花有更多的条件来喷水、施肥，使爱情之花能够长久保持旺盛的生命力，如唐诗吟咏的那样："在天愿作比翼鸟，在地愿为连理枝。"

独立并不是你没有女人味的借口

早在 20 世纪三四十年代，男人们对快乐的大同世界的憧憬就是：住西洋房子；用中国厨子；娶日本女人。房子和厨子暂且不提，在今天，那些说话细声细气、彬彬有礼的日韩女星们，依然是男人的梦中情人。

日本女人到底好在哪里？据说在日本最经典的生活场景是这样的：

日本女人大都是婚后不工作的，她们会算好老公要下班到家的时间，在第一时间内化好妆，换上最赏心悦目的衣服，在门铃"叮咚"的那一刻，露出最美白的牙齿和最完美的笑容；晚上，日本女人会穿上性感撩人的睡衣，洒上香气醉人的香水，在迷蒙怡人的灯光下期待着缠绵；清早，日本女人又会在老公醒来之前刷牙沐浴化妆，绝不能叫老公看见一个蓬头垢面的黄脸婆，老公睁眼看到的第一幅情景就是一个穿着和服、端着银质托盘、新鲜出浴的美女，托盘上美味的早餐冒着诱人的香气。这是一个全职日本主妇的全部浪漫形象。

中国男人当然也渴望这种享受，但是中国女人却没有时间和精力去制造这份浪漫。她们露出完美的笑容永远都是给客户的，她们的时间永远都是给家务和孩子的。

为了弥补这种缺憾，让我们的爱人也感受到做男人的美妙，我们可以参考一下日式女人的善解人意的温柔。

日本女人的温柔分为三种：第一种是语言；第二种是动作；第三种是心理。日本女人说话非常温和有礼，她们一般不直接表明自己的意见，会比较策略地说话，尊重别人，站在对方的立场考虑问题。

日本男人虽然喜欢聪明的女人，但是他们希望你把能力隐藏起来，让他走在你的前面。所以日本女人从不咄咄逼人，在优雅、温情中表现出她们的能力，身上有一种耐人寻味的女人韵味。

男人们喜欢日式女人，最关键的是她们让男人找到了优越的、强大的良好感觉。这一点，对于忙碌的中国女人来说就不是什么难题，具体说来就是无论你的爱人多么平凡，你都要把他捧起来。当甜言蜜语的说服力不够时，你甚至可以借助一些善意的谎言，来编织你们的感情纽带。

现在世界上有很多少年得志、腰缠万贯的男人，可你的爱人现在只是一个囊中羞涩的打工仔。你爱上他，不是因为他的存折，而是因为他本身，因为他健康、勤奋、幽默、善解人意而又忠实可靠。你选择他是因为你认为他是潜力股，他会让你的后半生过上物质和精神双丰收的生活。没错，这是你的如意算盘。可现阶段他的确没有给你买房、买车的能力，为此他时常向你道歉，抱怨自己没本事，让你受苦。此刻，无论如何你要编出一个美丽的谎言："我真的不介意你有多少银子。"

或许，你的爱人总有些盛气凌人的感觉，在和你谈天论地的时候总是喜欢争论，而且一定要分个高下。当然如果是你高他下，他肯定不会停止，他会在马路上突然提高音量，为了电影中某个角色的演技高低和你较劲。此刻，提高音量和他针锋相对显然是不明智的，你需要给他一点面子，哄哄他"你是对的，说得蛮有道理的"。男人总自以为是地认为自己知道一切、控制一切，可真正有实际控制力的是女人，女人总能不动声色地操纵着全局。所以，别和他计较。

我们都希望，自己爱上的男人像施瓦辛格一样有一身发达的肌肉，像日韩明星一样有一副英俊的面孔，但是说出来，无疑让他伤心悲叹、自惭形秽。告诉他，你喜欢他毛茸茸的啤酒肚，因为它让你在冬天感觉到春天般的温暖。告诉他，你喜欢听他夜里像大灰熊一样打鼾，这样让你感觉到安全。如果你爱他，就告诉他，你欣赏他的一切，他的缺点就是他的特点。你爱的就是他，他不必为了和你在一起而改变。

一个温柔可亲的妻子的实质并不是垂手弯腰，做出某种顺从的姿态来，只要你能让自己的爱人从你那里找到作为男人的信心和魅力，你就是他梦寐以求的女子。值得一提的是，虽然礼多人不怪，但礼也要有度，不要让你的爱人在家中觉得像是在接受饭店服务，要让他在你的殷勤有礼的呵护中感受到幸福快乐。

在生活中有的女人很独立，她们觉得自己什么都可以做，哪方面都不比男人差，并不需要用这种姿态来取悦于任何人。其实，这并不是一种取悦，这是家庭幸福的基础，因为男人天生喜欢温柔的女人，所以别让独立成为你没有女人味，不温柔的借口。

在爱情中，做一个有礼貌的优雅女人

谈恋爱的时候，彼此礼貌客气，所以两人约会的时候也总是心情愉快。结了婚以后，一些女人就会认为都是"自己人"了，还需要客气什么？甚至会觉得客气反而让两人的关系疏远。其实，恰恰相反，就如同"刺猬效应"一样，太亲近了只会刺伤对方。一些女人的做法是明智而聪明的，她们不会把礼貌丢弃在恋爱地区，而是把它带进婚姻，带到以后的生活中。

礼貌在婚姻生活中占有很重要的位置。礼貌就好像一扇敞开的门，它让人看到了长在门内的花朵。相信任何一个男人，都最怕泼妇、悍妇、长舌妇了。

傅艳在这方面就表现得不够"聪明"。傅艳的老公患有胃病，一次到吃饭的时候了，她的老公还在看书，虽然她很心疼和关心老公，专门给老公煲了汤，但她却在叫老公吃饭时说："还磨蹭什么？自己有胃病不知道？快吃饭，当心得胃癌。"一句话说得她老公脸色铁青，心想"这个婆娘居然咒我得胃癌……"

两个人为这一句话大吵了一架，事后傅艳觉得自己很委屈。其实如果她能够温柔一点，礼貌一点，对老公说："快来吃饭吧，你的胃不好，我今天给你煲了汤，很养胃的。"两句话意思一样，但她的老公却会感动不已，而前一句只会让老公恼火至极。

礼貌待人，和气说话，是沟通夫妻间感情的重要条件。妻子对老公说话要客气，不能语中带刺或冷若冰霜，以致挫伤感情。

让我们来比较两组夫妻间的对话：

第一组：

志刚：听到了吗？今天下班你给我买件衬衣回来！

裕梅：我能顾得上吗？

志刚：喂，顾不上？你干什么去？

裕梅：顾不上就是顾不上，我干什么去你管得着吗？

第二组：

志刚：你下班时帮我买件衬衣，好吗？

裕梅：好的，我尽量抽空给你买。不过今天恐怕不行，因为太忙，还要加班。对不起！

很明显，第二组对话亲切融洽，又彬彬有礼，一个"请"，一个"对不起"，问话有礼，答话客气，就会使志刚高兴裕梅满意。

妻子说话方式不妥，会引起丈夫心理上的刺痛，长久下去，必然会使感情受挫。那么，做妻子的怎样说话才不伤感情呢？

相处时间长了，夫妻间难免有不顺心的时候。丈夫在外面遇到气恼的事回家发泄，妻子绝不能"以牙还牙，以眼还眼"。此刻，妻子要做到两点：一是忍让；二是说顺心话。

要知道，夫妻间的感情障碍最初往往是由小事引起的，那些分道扬镳的夫妻不正是从一件件小事开始"分"的吗？

鲁云龙出差丢了件衣服，妻子何其竺便安慰说："不要紧，以后出差留点神就是。我上街给你买一件'补'上，好吗？"听到这样顺心的话，鲁云龙怎能不感动？倘若何其竺毫不留情地说："瞧你这个冒失鬼，丢这丢那，怎么没把自己的脑袋丢掉呢？"听到这样不顺心的话，鲁云龙会怎么想呢？丢了东西，本来心里就不舒服，面对何其竺的火上浇油，恐怕会反唇相讥。有的妻子在家中对丈夫习惯于发号施令，总是说"不能那样做"，"要这样做"，丝毫没有商量的余地，这是不尊重人的行为。遇到丈夫心情不好时，这些话往往会成为"战争"的导火索。如果换成另一种口吻说："你认为这样做行吗？""你看着办吧！这只是我的意见。"与其因为你的不礼貌而引起一场争吵，不如换一种和气的话语，这样既维持了丈夫的自尊心，又易于让丈夫接受你的意见。

粗鲁、无礼会毁灭了爱情的果实，毁灭了婚姻的美好。你回忆一下，当你接待任何一位访客时，是不是多多少少总是比对待家人有礼貌的多？你绝不可能对正在说话的客人插嘴喊道："我的天啊！你怎么又在老调重弹了呢？"你也绝不会未获他人许可，而私自拆阅信件，或窥伺他人隐私。

　　但是你在发现自己最亲近的人犯了错的时候，哪怕是很微小的错，你都有可能公然破口大骂。很多男人就是这样慢慢地和妻子产生隔阂的，有一位丈夫说："我不明白她为什么常常为一点鸡毛蒜皮的小事大发脾气，真让人受不了。"

　　真难以想象，那些尖刻、伤感情的话，往往都是对自己亲近的人说的。我们总是很容易原谅别人，却不肯原谅身边的人。大多数女人都以为，结婚了，彼此的距离就近了，根本不需要什么礼貌了。所以，现实生活中有那么多的女人常常对丈夫发威，却未曾对她们的同事或朋友声色俱厉。

　　事实上，距离越近越容易伤害到彼此，就像那两只刺猬互相取暖，太近的时候总是扎到对方，但是太远了又感受不到彼此的温度。夫妻之间也是这样，要把握好一个度，既要对丈夫关心体贴，有时候也要像对待朋友和客人那样温文多礼，谦让三分。在婚姻爱情中，要做一个有礼貌的优雅女人！